SD選書258

# 建物のあいだのアクティビティ

J・ゲール著
北原理雄訳

鹿島出版会

LIFE BETWEEN BUILDINGS

by

Jan Gehl


Published 2011 in Japan by Kajima Institute Publishing Co., Ltd.
Japanese edition published by arrangement through The sakai Agency.

建物のあいだのアクティビティ　目次

# ＳＤ選書化にあたって

本書は、Jan Gehl, *Life Between Buildings: Using Public Space*, The Danish Architectural Press, Copenhagen, 2006 の全訳である。原書一九八七年版は、ＳＤライブラリーの一冊として『屋外空間の生活とデザイン』のタイトルで翻訳出版された。二〇〇六年の改訂版ではデータを更新し、図版を大幅に差し替えている。ＳＤ選書化にあたって、当初は旧版をそのまま再刊する案もあったが、原著者の強い勧めを受け、新版にもとづく改訳をほどこし、書名も原題に準拠して『建物のあいだのアクティビティ』に改めた。

日本中がバブル景気に沸き立っていた一九八〇年代、都市計画の分野では基盤整備が一段落し、環境の質的向上に関心が向くようになっていた。各地で公共空間が再整備され、高いデザイン性を備えた事例も生まれていた。しかし一方で、整えられた空間が十分に活かされず、美しいが空虚な「無人地帯」と化している例も少なくなかった。

街に歩行者の生き生きしたアクティビティを呼び戻すにはどうすればよいのか。本書は、その問いかけに明快な回答を与えてくれた。ゲールは、歩行者都市づくりの先進地デンマークの経験を踏まえて、公共空間の物的条件とアクティビティとの関係を具体的に説いてくれていた。

旧版が出てから二〇年以上が経過し、社会情勢は大きく変化した。東日本大震災にみまわれ、私たちは都市のあり方を根底から問い直さねばならなくなっている。ひとつ確かなことは、私たちにとって「人間」が、そして人びとのふれあいと支えあいが、これまで以上に大きな役割を果たすということである。そのような人びとの関係をはぐくむ都市のあり方を模索するとき、本書は貴重な手がかりの宝庫となるにちがいない。

最後に、的確な助言をくださったヤン・ゲールさん、そしてSD選書化の企画を立てていただき、レイアウト組み替えを含む煩雑な仕事を快くこなしてくださった鹿島出版会の渡辺奈美さんに、この場を借りて心からお礼申し上げます。

北原理雄

二〇一一年四月

# 英語版への序

コミュニティの計画と建築は、何を目指すべきだろうか。本書は、この問題への理解を深めたいと考えている人にとって、きわめて有益である。

一九七一年に出版された本書の初版のなかで、ヤン・ゲールは、人間中心の価値観を透徹した観察眼で調査し、体系化し、わかりやすく説明している。当時、彼の主張に対する社会の関心はまだ薄く、その努力は孤立したものだった。建築が人びとの役に立つにはどうすればよいか。私は、ゲールと彼の思想に出会って以来、この点に対する彼の洞察に深い親近感と敬意を感じてきた。

あれから十年以上の歳月が過ぎ、建築家や一般の人びとも、彼が熱心に説いたこうした価値観に対して大きな関心を寄せるようになった。さらに、その間にゲールのメッセージはいっそう煮つめられ、ここでは時代を超えた真理に近づいている。

本書は、私の仕事に大きな刺激を与えつづけてくれている。また、年齢と経歴を問わず、経験の長短を問わず、建築とコミュニティの建設にたずさわっている専門家や学生にとって、本書は古典のひとつになっていると思う。

実用芸術である建築がその可能性を最大限に発揮できるのは、めざましい特別な要求だけでなく、ときには一人で、ときには集団で行動している人びとの平凡で身近な日常の要求にも、みごとに応えられるときである。この点をつねに思い起こす必要がある。また、大切なのは、そして私たちの生活と私たちの街の主要な部分をかたちづくっているのは日常のありふれた場面である。この点も忘れてはならない。

ヤン・ゲールは、このことを魅力的で楽しく、わかりやすいやり方で気づかせてくれる。今回、英語版が出版され、より多くの人が彼の英知に触れられるようになったことを喜びたい。

一九八六年一〇月

ラルフ・アースキン

# はしがき

本書の初版が出たのは一九七〇年代である。その目的は、当時支配的だった機能主義の建築と都市計画に異議申し立てをすることであった。そこで私は、建物のあいだの空間を利用する人びとに配慮する必要性を訴え、都市の歴史を通じて公共空間における人びとの出会いをつかさどってきた微妙な質を理解することの重要性を説き、建物のあいだのアクティビティが建築、都市デザイン、都市計画にとって注意深く扱うべき要素であることを指摘した。

それからほぼ三五年が経過し、さまざまな建築様式と理論が現れては消えていった。これらの歳月は、また都市と住宅地の住みよさを実現する注意深い作業が重要な課題でありつづけていることを明らかにした。都市と公共空間の質に対する総合的関心が高まっているだけでなく、世界中で質の高い公共空間の利用が増えつづけていることが、それを強く裏づけている。建物のあいだのアクティビティは、社会状況の変化とともに性格を変えている。しかし、公共領域に人間的質を実現するための根本原理と質的基準は、意外なほど変わらないことが明らかになった。

これまで本書は情報を更新し、改訂され、一五カ国語に翻訳されてきた。この英語版第六版は初期の版と大きく異なっている。新しいデータと新しい図版が加えられている。しかし、「建物のあいだの人びととかけがえのないアクティビティに十分に配慮すべきである」という当初の根本思想は、いまも本質的重要性を失っておらず、まったく変わっていない。

世界中の都市が成長と近代化のなかで大きな変化を経験している現在、本書の提示する人間的計画原理が、この重要なプロセスに創造的刺激を与えうることを願っている。

ヤン・ゲール

二〇〇六年一月　コペンハーゲンにて

# 第一部　建物のあいだのアクティビティ

# 屋外活動の三つの型

## 街路の風景

　ありふれた街路のありふれた一日。歩行者が歩道を通りすぎ、子供たちが玄関のそばで遊び、人びとがベンチや階段に腰かけ、郵便配達夫が家々をまわり、通行人が歩道であいさつを交わし、整備工が車を修理し、立ち話の輪ができる。これらの屋外活動は、いくつもの条件に左右されている。物的な環境は、そうした要因のひとつである。それは、さまざまな度合い、さまざまな形で活動に影響を及ぼす。屋外活動と、それに影響を及ぼす物的条件がこの本の主題である。

## 屋外活動の三つの型

　思い切って単純化すると、公共空間で行われる屋外活動は、三つのタイプに分けることができる。必要活動、任意活動、社会活動がそれである。この三者は、物的な環境に対して、それぞれ大きく異なる要求を持っている。

必要活動

任意活動

社会活動

必要活動――すべての条件下で

必要活動は、学校や仕事に行く、買物をする、バスや人を待つ、使い走りをする、郵便を配達するなど、多かれ少なかれ義務的なものを含んでいる。言い換えれば、程度の差こそあれ必要に迫られて参加する、そのような性格の活動である。

一般に、毎日の日課になっている活動はこの仲間にはいる。それ以外に、そこには歩行に関連する活動の大部分が含まれる。

このタイプの活動は必要に迫られたものなので、その発生の度合いは物的背景にほとんど影響されない。こうした活動は、ほとんどすべての条件のもとで一年中行われるだろう。また、それは屋外環境の影響をあまり受けないだろう。参加者には選択の余地がない。

任意活動――具合いのよい外部条件があるときだけ

任意活動はまったく事情が違う。それは、そうしたい気持があり、そして時間と場所が許すときに参加する、そのような行為である。

このタイプには、新鮮な空気を求めて散歩をする、にぎわいを楽しむために立ち止まる、腰かけて日光浴をするといった活動が含まれる。

これらの活動は、屋外の条件が良好なとき、天候と場所がふさわしいときにだけ行われる。この関係は、屋外で行うのに適したレクリエーション活動の多くがこのタイプに属しているため、物的な計画の面で特に重要である。これらの活動は、とりわけ屋外の物的条件に大きく左右される。

### 屋外活動と屋外空間の質

屋外空間の質が貧しいときには、必要活動しか起こらない。

屋外空間の質が高いときには、物的な条件がよくなるので、必要活動の時間は明らかに長くなる傾向があるが、それが行われる頻度はほとんど変わらない。しかし、ここでは場所と状況が立ち止まり、座り、食べ、遊びたいという気持ちを人びとに抱かせるので、必要活動だけでなく幅広い任意活動が発生するだろう。

質の悪い街路と都市空間では、ごくわずかな最低限の活動しか起こらない。人びとは家路を急ぐ。

すぐれた環境のもとでは、それとはまったく異なり、人びとの幅広い活動が可能になる。

### 社会活動

社会活動は、公共空間に他の人びとが存在することを前提にした活動である。そこには、子供たちの遊び、あいさつと会話、各種のコミュニティ活動、そして最後に、もっとも広く見られる社会活動、すなわち他の人びとをただ眺め、耳を

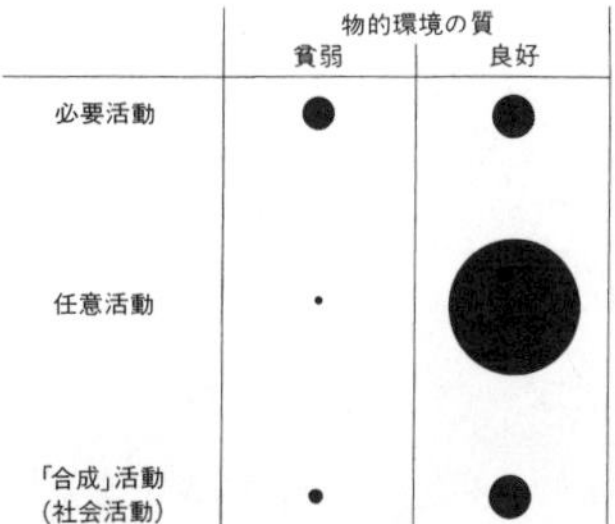


屋外空間の質と屋外活動の発生率の相関を示す模式図。屋外空間の質が良好であれば、任意活動の発生率が上昇する。また、任意活動の水準が高まれば、一般に社会活動の量もそれに応じて増加する

上／旧友とのあいさつ、ビルバオ
右／控えめな、しかし確かなふれあい

傾けるという受け身のふれあいが含まれる。

住まい、私的な屋外空間、庭、バルコニー、公共の建物、仕事場など、多くの場所で、それぞれ種類の異なる社会活動が行われる。しかし本書では、誰もが利用できる空間で行われる活動だけを取りあげる。

これらの活動は、ほとんどすべての場合、他の二つのタイプの活動が発展したものなので、「合成」活動と呼ぶこともできるだろう。そこでは、人びとが同じ場所におり、出会い、すれ違い、視線を交わしているので、それらは他の活動と結びついて現れる。

社会活動は、人びとが動きまわり、同じ場所にいることとの直接の結果として、自然に生まれてくる。これは、公共空間で必要活動と任意活動によりよい条件が与えられれば、それによって社会活動が間接的にもり立てられることを意味する。

社会活動の性格は、それが起こる場面によって変化する。住宅地の街路、学校の近く、仕事場の近くでは、共通の関心と背景をもつ限られた数の人びとが活動に参加する。彼らは、互いによく顔を合わせるという理由からだけでも「顔見知り」なので、公共空間での社会活動は、共通の関心から生まれるあいさつ、会話、討論、遊びなど、内容の豊かなものになる可能性がある。

街の街路や都心部では、社会活動は、たくさんの見知らぬ人を見聞きする受け身の接触が大半を占め、概してもっと表面的なものになるだろう。しかし、この限られた活動でも十分な魅力を持っている。
自由な解釈をすると、社会活動は、複数の人間が同じ場所でいっしょになれば、いつでも発生する。互いに見聞きすること、出会うことは、それ自体がふれあいのひとつの形であり社会活動である。実際に顔を合わせることは、ただそれだけで他の形態のもっと内容豊かな社会活動を生む種子になる。

この結びつきは、物的な計画にとって重要である。物的背景は、社会的なふれあいの質、内容、濃度を直接に左右することはないが、建築家と計画家は、人びとが出会い、眺め、耳を傾ける可能性を左右することができる。それは、その活動自体の質を高めると同時に、他の形態のふれあいの背景と出発点としても重要な役割を果たす、そのような可能性である。

このような理由から、本書では、出会いの可能性と他の人びとを見聞きする機会を調べることにしたい。また、他の人びと、活動、出来事、インスピレーション、刺激の存在は、公共空間の質を高めるうえできわめて重要な役割を果たしている。それが、これらの活動に総合的な検討を加えるもうひとつの理由である。

## 建物のあいだのアクティビティ——定義

屋外活動の三つのタイプを定義した出発点、あの街路の風景を振り返ってみよう。それを見ると、必要活動、任意活動、社会活動が、細かく織りあわされて起

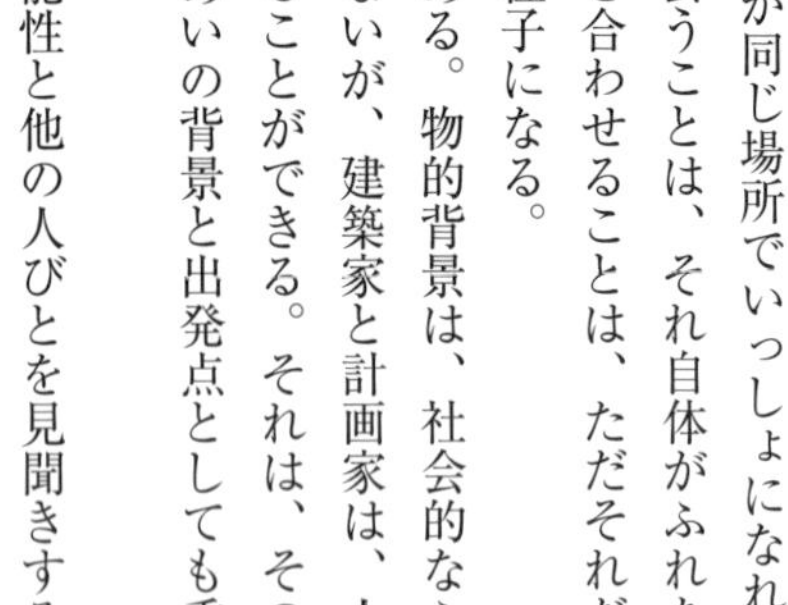


人びとが屋外で過ごす時間が増えれば、彼らが出会い、語りあう機会が多くなる。
グラフは、屋外活動の数と相互作用の頻度の関係を示している（メルボルンにおける街路アクティビティの調査［21］。二六三頁参照）

こっているのがわかる。人びとが歩き、腰かけ、話している。義務活動、レクリエーション活動、社会活動は、ありとあらゆる組み合わせでからみ合っている。したがって、ここでは屋外活動という主題の検討を、単一の限られたタイプの活動から始めることはしない。建物のあいだのアクティビティは、単なる歩行者の往来、レクリエーション活動、社会活動ではない。互いに結びつき、街や住宅地の共用空間を意味深い魅力的なものにしている活動。建物のあいだのアクティビティは、そのような活動のすべてを含んでいる。

必要な義務活動と任意のレクリエーション活動は、どちらも、さまざまな背景のなかで多年にわたり十分に調べられてきた。これに比べて、社会活動とそれが織りあわされてできるコミュニティの織目には、わずかな注意しか払われてこなかった。

このような理由から、次章以下では公共空間での社会活動をもっと詳しく調べることにする。

# 建物のあいだのアクティビティ

建物のあいだのアクティビティ――ふれあいの必要性

建物のあいだのアクティビティが、ふれあいの必要性の面でどのような意味を持っているのか、正確に示すのはむずかしい[参考文献14]。

街や住宅地の公共空間に出会いと日常的な活動の機会があれば、私たちは他の人びとに立ち混じり、眺め、耳を傾け、さまざまな場面で彼らの言動を体験することができる。

このような控えめな「目と耳のふれあい」は、いろいろな種類の社会活動の一部として、他の形態のふれあいと関連づけて考察する必要がある。社会活動には、ごく単純であいまいな接触から複雑で心のこもった交際まで、幅広い内容が含まれている。

ふれあいの濃度にはいくつかの段階がある。この観点から、ふれあいのさまざまな形を単純化して示すと次の図のようになる。

低い濃度
受け身のふれあい（「目と耳」のふれあい）
偶然のふれあい
知人
友人
親密な友情
高い濃度

この略図では、建物のあいだのアクティビティは、主に物差しの右端に置かれた低い濃度のふれあいにあてはまる。これらは、他の形態のふれあいに比べて、重要性が低いように見えるかもしれない。しかし、それらは独立したふれあいの形態としても、他のもっと複雑な交流の前提条件としても大切なものである。他の人びとに会い、眺め、耳を傾けることができるだけでも、そこには次のような機会が存在している。

- 控えめなふれあい
- 他の段階のふれあいが生まれる出発点の可能性
- すでに成立しているふれあいを維持する可能性
- 外部の社会についての情報源
- インスピレーションの源、刺激的な体験の提供

THE BODY SHOP
MILESTONE'S VOTED BEST

## ふれあいの形態

公共空間で行われる低い濃度のふれあいも、大切な可能性を持っている。それを説明するには、多分、それがなくなった状態を想定するのがいちばん良いだろう。

もし、建物のあいだの活動が姿を消せば、ふれあいの物差しの右端も消滅する。一人と集団のあいだのさまざまな中間形態が消滅する。孤立とふれあいのあいだの境界が鮮明になる。一人でいるか、気の重い堅苦しい状態で他人といっしょにいるか、人びとには、そのどちらかしか残されていない。

建物のあいだのアクティビティは、気楽にくつろいで他人といっしょにいる機会を提供してくれる。私たちは気の向くままに散歩し、ときには帰宅の途中に回り道をして大通りを歩き、しばらく人びとといっしょに門口の魅力的なベンチで一息入れることができる。週に一回で用が足りる場合でも、毎日買物に行くことができる。幸いにして見るべきものがあれば、ときどき窓から外を眺めるのも悪くない。他の人びとに立ち混じり、彼らを眺め、耳を傾け、彼らから刺激を受けることは、一人でいるのとは違う積極的な体験を意味する。そこでは、私たちは必ずしも特定の人といっしょにいるわけではないが、それでも他の人びとといっしょにいる。

テレビ、ビデオ、映画などで他の人びとの体験を受け身に観察するのとは違い、公共空間では本人がそこにおり、控えめだが確かにはっきりと参加している。

### 他の段階のふれあいが生まれる可能性

低い濃度のふれあいは、そこから他の形態のふれあいが育っていく苗床のような状態である。それは予測できないもの、自然発生的なもの、非計画的なものの培養基である。

子供たちの遊びがどのように始まるか、それを調べると、このような機会を説明することができる。

私たちは、遊びの場面を用意することができる。型どおりの遊びは、誕生パーティや学校で決められたグループでも行われる。しかし、一般に遊びそのものを用意することはできない。子供たちがいっしょになったとき。他の子供たちが遊んでいるのを見たとき。遊びたいと思い、本当に遊びが始まるかどうかはっきりしないが「遊びに出かけた」とき。遊びは、そのようなときに生まれてくる。最初の前提条件は、同じ場所にいること、出会いである。

他の人びとがいる所にいっしょにいる、それだけのことから自然に生まれてくるふれあいは、通常、つかのまのものである。少しのあいだ言葉を交わす。ベンチの隣に座った人と短い議論を交わす。バスに乗り合わせた子供とおしゃべりする。働いている人を見ていて、二、三の質問をする。このような行為がそれである。

控えめなふれあい

る。参加者が望めば、この単純な段階から次の段階のふれあいを育てることができる。出会い、つまり同じ場所にいることは、これらのどの場合にも第一の前提条件になる。

## すでに成立しているふれあいを維持する手近な機会

日常の行き来のなかで隣人や同僚としばしば出会う可能性があれば、それは気楽なくつろいだ交友関係をつくりあげ、維持する貴重な機会につながる。

そこには、自然に交際が芽ばえてくるだろう。事態がさらに発展することも可能である。雰囲気しだいで、すぐさま訪問や会合の手はずを整えることができる。参加者が互いの玄関先をよく通り、とくに街頭で、あるいは自宅や職場近くの日常活動のなかで頻繁に顔を合わせるときには、同じように気軽に「ちょっと立ち寄り」、「顔を出し」、明日の打ち合わせをすることができる。

日常活動のなかで出会いが頻繁になれば、隣人とのふれあいを発展させる機会が増える。この事実は多くの調査で確かめられている。頻繁な出会いがあれば、電話や招待を通じて友情を保たなければならない場合に比べて、はるかに単純かつ気軽に友情とふれあいの輪を維持することができる。後者の場合には、あらかじめ会合の手はずを整えておかなければならないので、それだけ参加者の負担が大きく、しばしばふれあいを維持するのがむずかしくなる。

ふれあいを維持する機会

ほとんどの子供、そして他の年齢層のかなりの人びとが、近くに住んでいる、あるいは近くで働いている友人や知人と親密で頻繁なふれあいを保っているのは、この根本理由による。それは「身近に」いるためのもっとも簡単な方法である。

### 社会環境についての情報

街や住宅地で他の人びとを見聞きする機会は、大きくは周囲の社会環境について、身近なところでは近所の人たち、いっしょに働いている人たちについて、貴重な情報を提供してくれる。

このことは、子供の社会性の発達に特によく当てはまる。それは、主に周囲の社会環境を観察することによって育っていく。しかし、子供だけでなく私たちは誰でも、社会のなかで生きていくために周囲の世界について最新の知識を持っていなければならない。

私たちはマスメディアを通じて、世間の話題になる大きな事件を知る。一方、他の人びとといっしょにいることによって、もっと平凡な、しかし同じように重要な細かい事柄について情報を手に入れる。私たちは、他の人びとがどのように働き、ふるまい、装っているか知ることができる。また、いっしょに働き、住んでいる人びとについて知識を得ることができる。私たちは、この情報のすべてを

使って、周囲の世界とうちとけた関係をつくりあげる。私たちが街頭でよく会う人は、私たちが「知っている」人になる。

## インスピレーションの源

他の人びとを見聞きする機会は、外部の社会について情報を与えるだけでなく、行動のための着想とインスピレーションを提供してくれる。

私たちは、他の人びとの行動を見ることによってインスピレーションを得る。たとえば、子供は他の子供が遊んでいるのを見て、それに加わりたいと思い、また他の子供や大人を観察して、新しい遊びを思いつく。

## このうえなく刺激的な体験

工業化、各種の都市機能の分離、自動車への依存に伴って、生き生きした街や住宅地から生気が失われてきた。この傾向は、都市を単調で退屈なものにしている。このことは、もうひとつの重要な必要性、すなわち刺激の必要性を強く示している[14]。

他の人びとを体験することは、このうえなく彩り豊かで魅力的な刺激の機会である。口をきき動きまわる人びとを体験することは、建物や他の無生物を体験するのに比べて、はるかに幅広く感覚に訴えるものを持っている。人びとが人びとのあいだを歩きまわるとき、すべては刻々と変化していく。新しい場面と新しい刺激の数は無限である。そして何よりも、それは人生でもっとも大切な主題、人間に関わっている。

人びとが互いに交流することができる生き生きした都市は、生気のない都市と違い、体験の機会に恵まれているので、いつも豊かな刺激を与えてくれる。生気

建物のあいだのアクティビティは、どのように斬新な建築よりも豊かで、刺激にあふれ、多くのものを与えてくれる。
上／パリ郊外の新しい住宅団地
中／ありふれた情景
下／子供、職人、現代建築（パリ郊外のアルカード・デュラク、一九八一年、設計＝リカルド・ボフィル）

のない都市は、建物の色彩や形をどれほど変化のあるものにしても、体験を豊かにするのがむずかしく、退屈になるのを避けることができない。

現在では、いろいろな場所で芝居がかった建築効果を使い、建物を「面白く」かつ豪華にしようとする努力が払われている。しかし、街や住宅地を適切に計画し、建物のあいだのアクティビティに好ましい条件を与えることができれば、たいていは高価で、大げさで不自然なことが多い試みを使わないですむ。建物のあいだのアクティビティは、長い目で見れば、色を塗ったコンクリートと複雑な建築形態のどのような組み合わせよりも、観察する価値のある興味深いものである。

## 活動は人を引きつける

他の人びとと同じ場所にいる機会、また彼らを見聞きする機会には、たくさんの大小の可能性がある。人びとが、公共空間で他の人びとの存在にどのような反応を示すか。その実態を調べた一連の研究は、これらの可能性が重要な価値を持つことを示している[15・18・24・51]。

建物のなか、住宅地、都心、公園や緑地など、人がいるところではどこでもほぼ例外なく、人びとと彼らの活動が他の人びとを引きつけている。人が人を呼ぶ。人びとはいっしょに集まり、いっしょに動きまわり、他の人びとのそばに身を置

こうとする。新しい活動は、すでに行われている出来事の近くで始まる。

家庭で子供を見ていると、彼らは、おもちゃしかないところより、大人や他の子供がいるところにいたがる。住宅地や街では、大人たちのあいだに同じような行動が見られる。人のいない街路と賑やかな街路のどちらを歩くかと言われたら、たいていの場合、ほとんどの人は賑やかな街路を選ぶだろう。また、私的な裏庭と、街路が見える半私的な前庭のどちらに座るかと言われたら、見るものがたくさんある家の前を選ぶ人が多いだろう（五一頁参照）。

スカンジナビアには、「人は人のいるところに集まる」という古い格言がある。

## 活動と遊びの習性

一連の調査によって、人びとがふれあいに対して抱いている関心をいっそう詳しく知ることができるようになった。住宅地での子供の遊びを調べた調査［28・29］によれば、主に子供は、もっとも多くの活動が行われている場所、または何かが起こる見込みがもっとも大きな場所にとどまり、そこで遊んでいる。

一戸建ての住宅地でも集合住宅の団地でも、子供は特別に計画された遊び場より、街路、駐車場、玄関のそばなどで遊ぶことが多い。計画された遊び場は、一戸建て住宅の裏庭や高層住棟の南側に置かれていることが多く、そこからは人も車も見ることができない。

## 活動とベンチの好み

人びとが公共の空間で好んで座る場所についても、同じ傾向が見られる。まわりの活動がよく見えるベンチのほうが、そうでないベンチよりよく使われている。コペンハーゲンのティボリ公園で、建築家のジョン・ライルが行った調査[36]によれば、もっともよく利用されているのは中央園路ぞいのベンチである。そこ

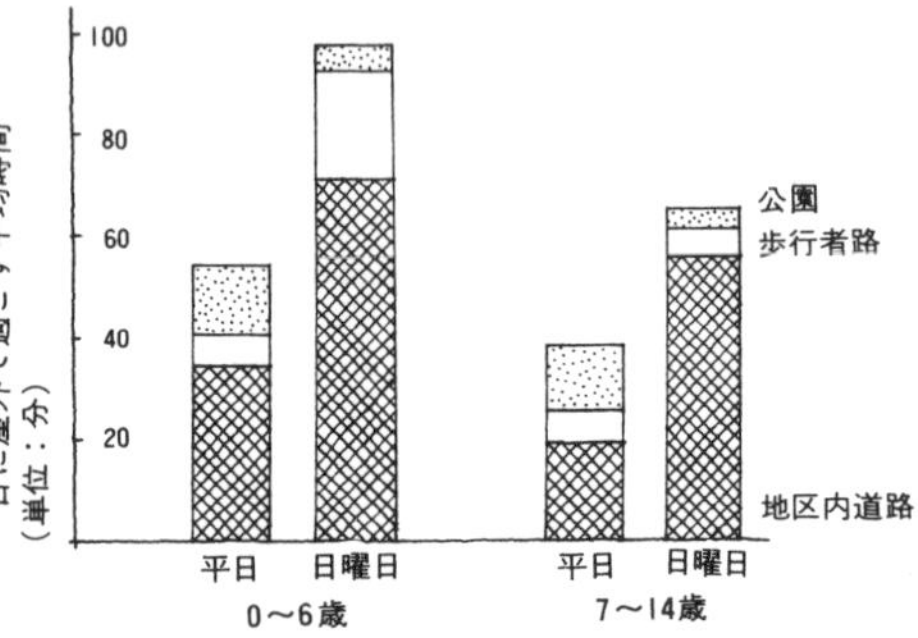


よく考えられた公園と歩行者路のシステムが用意されているときでも、子供たちは、年齢を問わず、屋外での大半の時間を地区内の道路上やそのそばで過ごしている（デンマークの一戸建て住宅地における子供の遊びの習性調査[28]）

活動とベンチの好み

世界中どこでも、街頭カフェの椅子は街路に面して置かれている。
上／オスロのカール・ヨハン通り、ノルウェイ

からは、公園でいちばん活気のある場所がよく見える。静かな一角に置かれたベンチは、ほとんど利用されていない。また、あちこちに背中合わせに置かれたベンチがある。こうすると、片方のベンチは園路のほうを向くが、残りのひとつは「そっぽ」を向いてしまう。こうした場合、利用されているのは例外なく園路に向いたベンチである。

コペンハーゲンの都心部の広場でベンチの使われ方を調べた研究でも、よく似た結果が明らかにされている。よく利用されているのは、もっとも往来の激しい歩道が見えるベンチであり、公園の植込みに面したベンチは、それに比べて利用が少ない[15・18・27]。

街頭のカフェの場合も、その第一の魅力は目のまえの歩道のアクティビティである。世界中どこでも、ほとんど例外なくカフェの椅子は近くのもっとも賑やかな場所に面して置かれている。当然のことだが、歩道こそが街頭のカフェの存在理由である。

歩行者街路の魅力

他の人びとを見聞きし、彼らに出会う機会は、都心と歩行者街路のもっとも大切な魅力のひとつである。この点も、コペンハーゲンの都心の幹線歩行者街路、

ベンチが活動に背を向けているときには、利用されないか、型やぶりの使われ方をするか、そのどちらかである

ストロイエ通りの魅力分析で明らかにされている［15・18］。研究を行ったのは、デンマーク王立芸術大学建築学部のグループである。そこでは、まず歩行者が立ち止まった場所と立ち止まって眺めたものを調べ、それに基づいて分析が進められた。

立ち止まる人がもっとも少なかったのは、銀行、オフィス、ショールームの前、そして金銭登録器、事務用家具、陶磁器、ヘアカラーなどの退屈な展示品の前である。逆に、新聞売り場、写真展、映画館の前のスティル写真、衣料品店、おもちゃ屋のように、他の人びとや周囲の社会環境と直接に関係を持っている店や展示品の前には、たくさんの人が立ち止まっていた。

そして、路上で行われているさまざまな人間活動には、もっと多くの関心が集

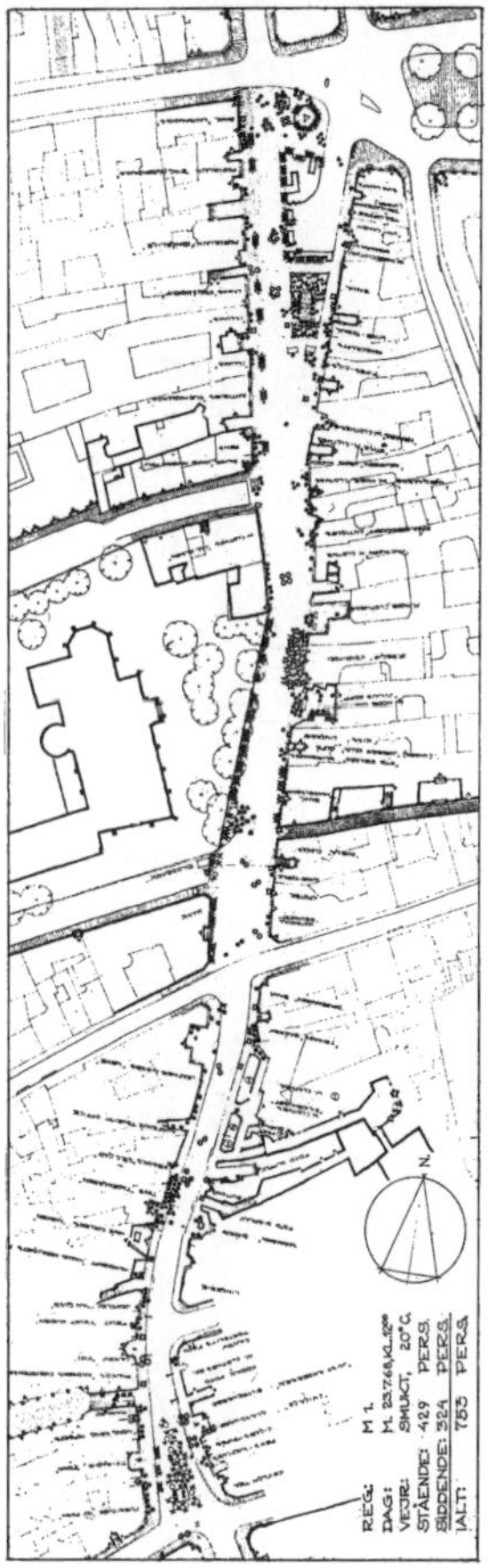


七月の火曜日の昼に、コペンハーゲンの幹線歩行者街路の中心部に立ち止まり、あるいは座っていた人の全記録［18］

まっていた。人が行う活動は、どのようなものでも大きな関心を呼んでいるようだった。

路上では、遊んでいる子供、写真館から帰る途中の新婚カップル、ただ単に歩きすぎていく人びとなどが、ありふれた日常の出来事を繰りひろげている。それと同時に、イーゼルに向かう画家、ギターを弾く大道音楽家、路面に絵を描く歩道画家などが、もっと珍しい大小の出来事を繰りひろげている。調査では、どちらの出来事にも多くの関心が集まっていた。

明らかに、この地区の主な魅力は、人間の活動、言い換えれば他の人びとが行動しているのを見ることができる点にあった。

歩道画家が絵を描いていると、まわりに人垣ができた。しかし、彼が立ち去ると、人びとは平気で彼の絵を踏みつけて歩きすぎた。音楽についても同じことが言える。街を歩く人びとは、レコード店のスピーカーから鳴り響く音楽にはまったく反応を示さなかった。しかし、生身の音楽家が演奏や歌を始めると、生き生きとした関心をもった聴衆が即座に集まってきた。

人びとは人間とその活動に注意を払っている。このことは、地区内のデパートの拡張工事を観察した結果からも明らかである。そこでは、ストロイエ通りに面して二つの出入口が設けられていたので、堀削と基礎打ちが行われているあいだ、街路から工事現場をのぞくことができた。この期間を通じて、たくさんの人が工

銀行や有名店のショールームの前には誰も立ち止まっていない。子供のおもちゃ、写真など、生活や他の人びととももっと密接に結びついた商品の前には、かなりの人が立ち止まっている。他の人びとや出来事のまわりには、それを見るために、はるかに多くの人が立ち止まっている

事の進行を見るために足を止めた。その数は、デパートの一五のショーウィンドーの前に立ち止まる人の総数を上まわっていた。

この場合も、関心の対象になったのは工事現場そのものではなく、そこで働いている人びとと彼らの作業であった。昼休みや退出時間後、現場に人がいなくなると、足を止める通行人がほとんどいなくなったことがそれを裏づけている。

建物のあいだのアクティビティ――街の大切な魅力のひとつ

これまで紹介した観察と調査から、人びととその活動が注意と関心の最大の対象になっていることが明らかにされた。他の人びとを見聞きする、あるいは彼らのそばにいるだけのふれあいは、控えめなものだが、それでも街や住宅地の公共空間で提供される他のいろいろな楽しみに比べ大きな満足が得られ、多くの人に求められているものらしい。

建物のなか、また建物のあいだのアクティビティは、ほとんどすべての場合、空間や建築そのものより本質的で貴重なものであるようだ。

# 屋外活動と屋外空間の質

## 建物のあいだのアクティビティ――計画の物差し

屋外活動の広がりと性格は、物的計画のあり方によって大きな影響を受ける。それが、ここで建物のあいだのアクティビティを論じる理由である。私たちは素材と色彩を選ぶことにより、街に一定の色調を与えることができる。同じように、屋外空間の計画を通じて活動のパターンに影響を与え、屋外での出来事に好都合な（または不都合な）条件をつくり、生き生きした（または生気のない）街をつくることができる。

その可能性には大きな幅がある。両極端の例をあげると、それがよくわかる。一方の端にあるのは、高層建築、地下駐車場、大量の自動車交通、分散して配置された建物と機能をもつ街である。この種の街は、北アメリカと「近代化」されたヨーロッパの都市、そして各地の郊外地区に見られる。

これらの街では、建物と自動車ばかりが目につき、人の姿はわずかしか見られない。なぜなら、そこでは人が歩くのは事実上ほとんど不可能であり、建物のそ

ばの公共空間もひどく居心地の悪いものだからである。屋外空間は、大規模で人間の尺度に合っていない。都市空間が間延びしているのに加えて、屋外で体験すべきものがあまりなく、わずかな活動も時間と空間の広がりのなかにばらばらに散在している。このような条件のもとでは、多くの住民は屋内でテレビの前に座っているか、バルコニーのような私的な屋外空間で時間を過ごすほうを好む。

もう一方の端にあるのは、建物がほどよい高さと間隔を保ち、歩行者のための施設が備わり、街路ぞいに屋外活動のための快適な場所が用意され、それらが住宅、公共の建物、職場などと密接な関係を持っている、そのような街である。ここでは屋外空間が利用しやすく、利用者を引きつける。したがって、建物に加えて、行き来する人びとや、建物のそばで立ち止まる人びとを目にすることができる。この街は生きている街である。ここでは、使いやすい屋外空間が建物内部の空間を補い、公共空間が十分に機能を発揮する可能性がずっと高い。

### 屋外活動と質の改善

すでに述べたように、屋外空間の質に大きく左右される屋外活動は、任意のレクリエーション活動である。社会活動のかなりの部分も、それに伴って影響を受ける。大きな魅力をもつこれらの活動は、条件が悪くなれば消滅し、条件に恵まれれば勢いよく育つ。

屋外空間の質の改善——街路
コペンハーゲンでは、中心市街地の屋外空間の質が改善されると、それにつれて公共空間の利用が増大した。これらの改善は、文字どおり、人びとの活動の余地を大きく広げる役割を果たした。市の人口は増えていないが、公共空間の利用に対する関心は、受動的なものも積極的なものも明らかに増大している

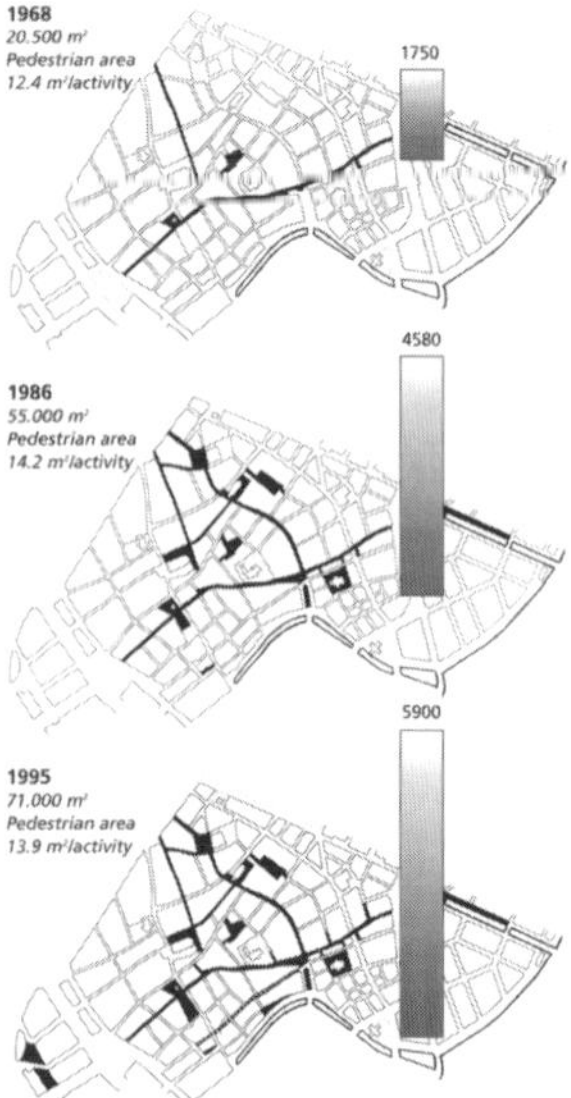


夏期の正午から午後四時までのあいだに都心エリアで滞留活動を行っていた人の数（上から一九六八年、一九八六年、一九九五年）

屋外空間の質を改善することとは、街の日常活動と社会活動にとって大きな意味を持っている。既成市街地につくられた歩行者街路や車両規制地区を見ると、それがよくわかる。物的な条件を改善した結果、歩行者の数が目立って増え、屋外で過ごす時間の平均が長くなり、屋外活動の幅が大きく広がった例がいくつも報告されている[17]。

一九八六年の春と夏に、コペンハーゲンの都心部ですべての屋外活動を記録する調査が行われた。それによれば、都心の歩行者街路と広場の数は、一九六八年と一九八六年のあいだに三倍に増えていた。この物的条件の改善に平行して、そこに立ち止まったり座ったりしている人の数も三倍になっていた。

一九九五年に行われた追跡調査では、公共利用に供されている空間での活動がさらに増加していた。

街の活動に対して異なる条件をもつ都市が近くにある場合にも、大きな違いが認められる。

イタリアの場合、歩行者街路と車を規制した広場がある街では、気候条件が同じでも、屋外の都市生活が近くの車本位の街に比べてはるかに活発に行われている。

オーストラリアでは、メルボルン大学とメルボルン王立工科大学の建築学科の学生が一九七八年に、シドニー、メルボルン、アデレードで、車本位の街路と歩

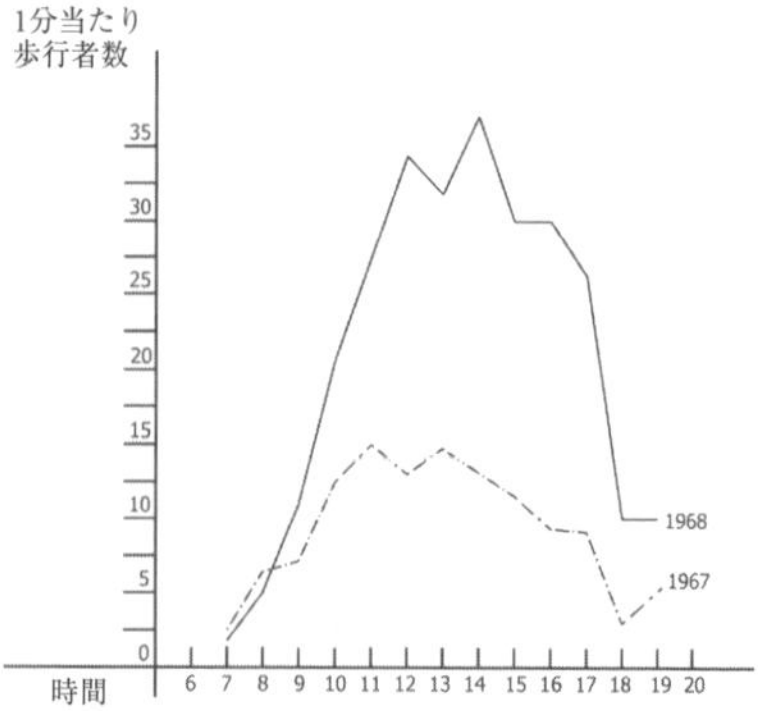


| | |
|---|---|
| 気温 | 15 ~ 21℃ |
| 天候 | 夏の晴れた日 |
| 場所 | ヘルシンガーのビエル通り |
| 期間 | 1967年 6月21日（水）／1968年7月10日（水） |

街路から車を締めだす前と後の歩行者数（ヘルシンガーのビエル通り、デンマーク［17］）

行者街路の双方における街路活動の調査を行った。それによれば、街路の質と街路活動のあいだに直接の関連が認められた。さらにメルボルンでは、歩行者街路のベンチの数を一〇〇パーセント増やす実験が行われ、この改善によって座る行動が八八パーセント増加した。

ウィリアム・H・ホワイトは、『小さな都市空間の社会生活』のなかで、都市空間の質と都市活動のあいだには密接な関連があると述べ、きわめて簡単な物的改良によって都市空間の利用が目立って改善された例をいくつも紹介している[51]。

アメリカでは、ニューヨークをはじめとする多くの都市で、「公共空間プロジェクト」にもとづく改善計画が実施され、同じような成果をあげている[41]。

ヨーロッパとアメリカでは、住宅地でも自動車交通を減らす対策、街区の内側にある中庭の整備、公園の設計、都心部と同じ屋外空間の改善が行われ、著しい効果をあげている。

## 屋外活動と質の低下

アップルヤードとリンテルは、一九七〇〜七一年に、サンフランシスコで隣接する三つの街路の調査を行った[4]。いまや大変有名になったこの調査では、視点を変えて、屋外空間の質の低下が住宅地の街路活動に及ぼす影響が明らかにされた。

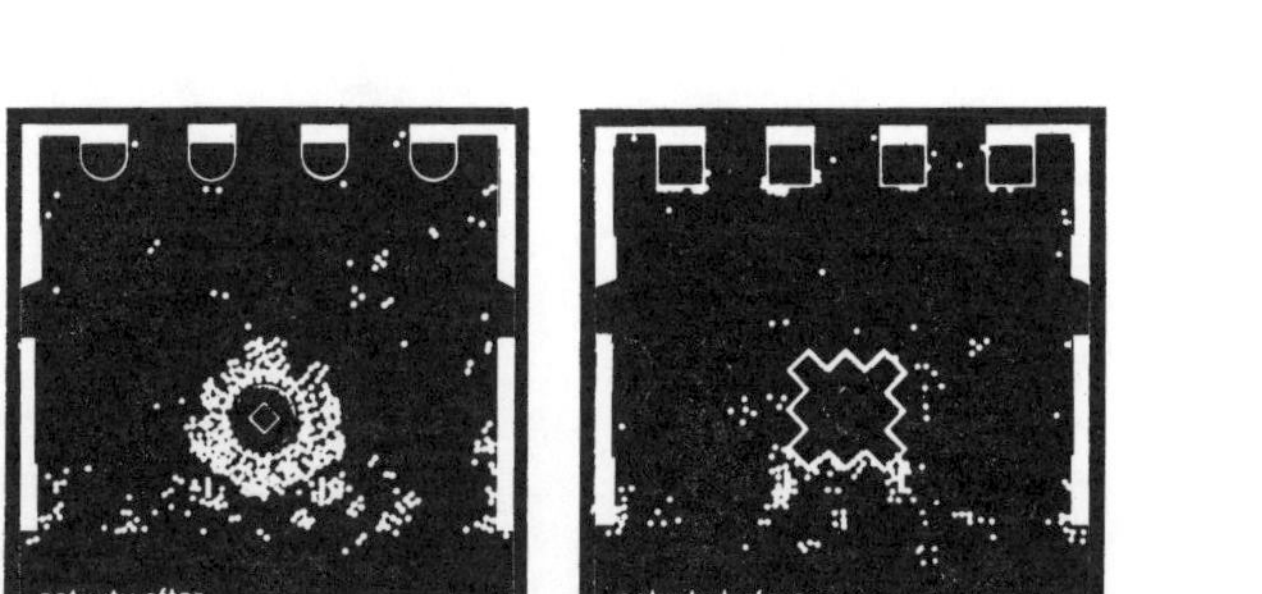


オフィスビルの玄関＝空間の質を改善する前と後の状態（ニューヨークの公共空間プロジェクト、一九七六年［41］）

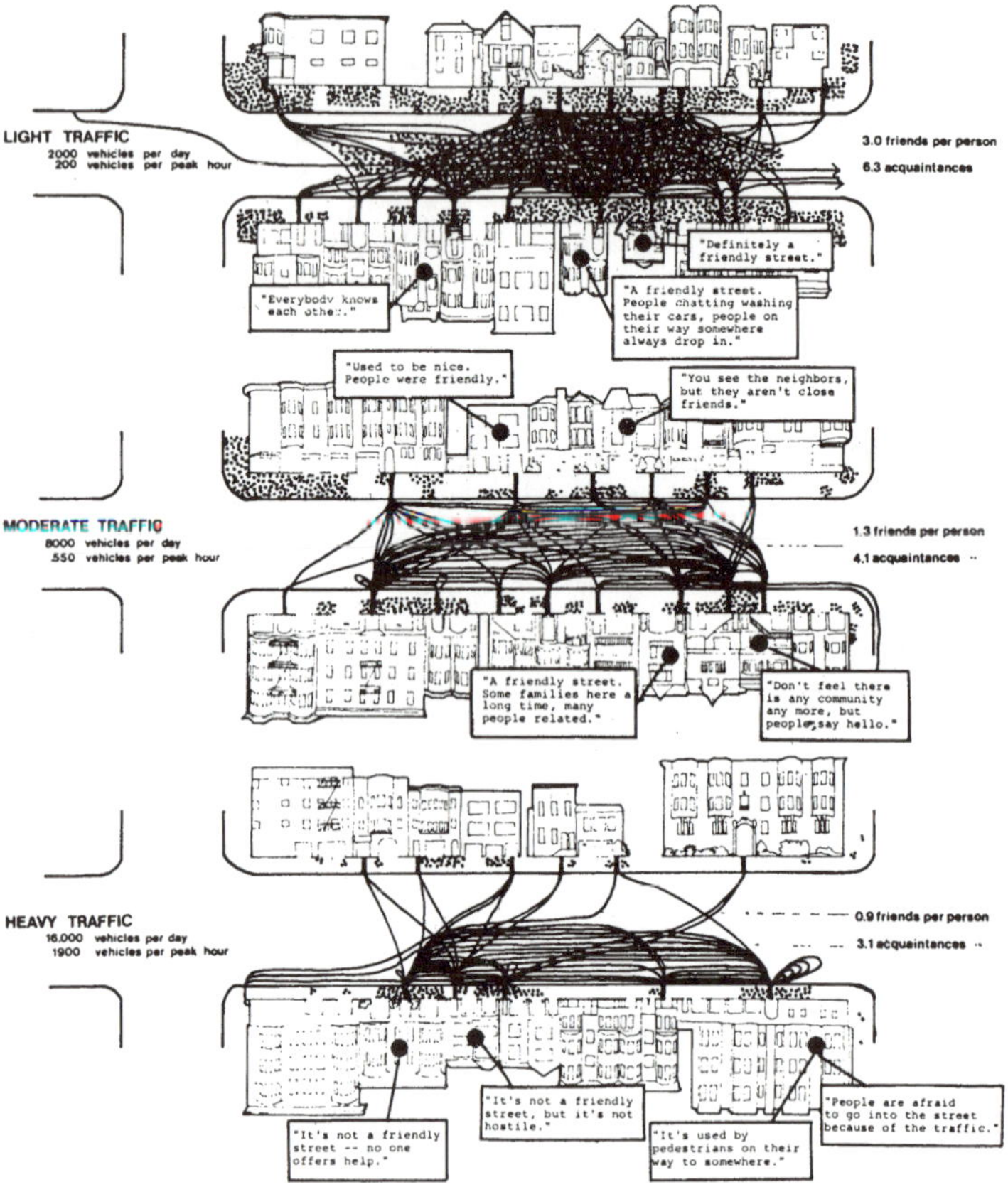


サンフランシスコの三つの街路における屋外活動（点）と友人・知人との交流（線）の発生頻度の記録
上／交通の少ない街路
中／やや交通の多い街路
下／交通の激しい街路。屋外活動がほとんど見られず、住民のあいだに親交や面識がわずかしかない
（アップルヤード、リンテル『都市街路の環境の質』より［4］）

これらの街路は、どれも以前はあまり交通が激しくなかった。しかし、そのうちの二本では交通量が増加し、調査では、それに伴って顕著な影響が観察された。

交通量がわずかしかない街路（一日二〇〇〇台）では、多くの屋外活動が記録されている。子供たちは歩道や街路で遊んでいた。門口や玄関前の階段は、屋外で時間を過ごす場所として広く利用されていた。近所づきあいの輪も大きな広がりを持っていた。

一方、交通量が大きく増加した街路（一日一万六〇〇〇台）には、屋外活動がほとんど存在していなかった。ここには、近所づきあいもわずかしか見られなかった。

やや交通量が多い第三の街路（一日八〇〇〇台）でも、屋外活動と近所づきあいに予想を上まわる減少が観察された。この事実は、屋外環境の質の低下がたとえ比較的限られたものであっても、屋外活動の広がりに不釣合いなほどきびしい悪影響を及ぼすことを強く示している。

### 活動の量、長さ、種類

これらの調査結果から、屋外空間の質と屋外活動のあいだに密接な関係を認めることができる。

少なくとも三つの領域で、物的環境のデザインを通じて、街や住宅地の公共空間における活動のパターンにある程度の影響を及ぼすことができそうである。地域、気候、社会の枠を超えることはできないが、そのなかでなら公共空間を利用する人と出来事の量、個々の活動が持続する長さ、展開する活動の種類に影響を及ぼすことができる。

## かくれた可能性を解き放つ

屋外空間の質を改善すると、多くの場合、屋外活動が著しく増加する。この事実がはっきり示しているのは、ある場所である時点の実態を調べても、公共空間と屋外活動の必要性を正しく把握できるとは限らないということである。社会活動とレクリエーション活動に適した物的環境がつくられると、それまで無視され抑圧されていた人びとの欲求が表面に現れてくる。そのような例が各地で観察されている。

コペンハーゲンでは、一九六二年に、スカンジナビアで初めて都市の幹線街路を歩行者街路に改造する計画が実施された。当時、多くの批評家は、「北欧には都市活動の伝統がない」ので街路はさびれるだろうと予言した。今日、この大きな歩行者街路には、その後に増設された周辺の歩行者街路も含めて、歩き、座り、音楽を演奏し、語りあう人びとがあふれている。明らかに、最初の心配は根拠のないものだった。コペンハーゲンに活発な都市アクティビティが見られなかった

左頁／コペンハーゲン南部の隣接する二つの住宅地。どちらも一九七三～七五年に建設され、同じような階層の人たちが住んでいる。ガールバケン（G地区）の屋外空間は、隣のヒュルスピュレット（H地区）に比べ、明らかにデザインの質が高く、細かい配慮が行き届いている。H地区の住宅には裏庭しかないが、G地区の住宅は、どれも私的な裏庭のほかに半私的な前庭を持っている。一九八〇年と一九八一年の夏の土曜日に、両地区で屋外活動の調査が行われた。それによれば、G地区で観察された屋外活動のほうが、H地区より三五パーセントも多かった。この差の主要因は、G地区の前庭で行われていた活動であった
右上／二つの住宅地の平面図
写真上／G地区の通路と前庭
写真下／H地区の通路

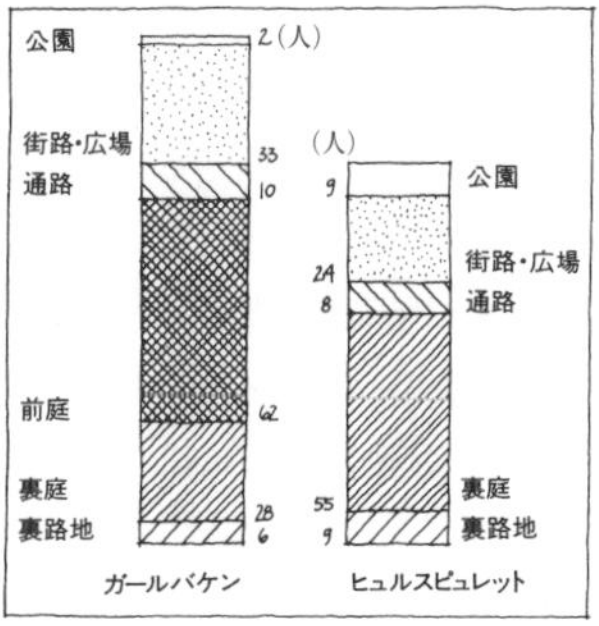
公園
2(人)
街路・広場
33
通路
10
前庭
62
裏庭
28
裏路地
6
ガールバケン
(人)
9
公園
街路・広場
24
通路
8
裏庭
55
裏路地
9
ヒュルスピュレット

G
H

のは、それまで、そのための物的な可能性が用意されていなかったからである。

　デンマークの新しい住宅地でも、質の高い公共空間によって屋外活動の物的な可能性を高めた例が増えている。そこには、これまでデンマークの住宅地では不可能と考えられていた活動パターンが育ちつつある。

　新しい道路が建設されると、それに誘発されて自動車交通が増加する傾向が見られる。これまでの経験から、街と住宅地における人間活動の面でも、同じように物的環境が改善されると、屋外活動の量、持続時間、広がりが増大する傾向が観察されている。

# 屋外活動と建築の動向

## 建物のあいだのアクティビティと都市計画の思想

これまでの各章では、建物のあいだのアクティビティを活発にするうえで、屋外空間がどのような特質を備えるべきか考えてきた。また、物的環境によって、屋外活動の広がりと性格が大きく左右されることを説明してきた。そこで次は、さまざまな時代の都市計画の原理と建築の動向が屋外活動、特に社会的な屋外活動にどのような影響を与えてきたか、その点を調べることにしたい。

ヨーロッパには、過去一〇〇〇年間のほとんどすべての時代の都市が、いまもほぼ完全な姿で残っている。中世の都市は、自然に発達したものも計画されたものも、どちらもたくさん残っている。ルネサンスとバロックの都市、産業革命期の都市、ロマン主義の影響を受けた田園都市、さらに過去五〇年のあいだにつくられた機能主義的な自動車中心の都市が各地にある。これらの都市はまだ現実に使用されているので、いま私たちは、その都市構成を共通の基準に照らして比較し、評価することができる。

形態の面では、特に美術史の観点に立つと、表面上はそれぞれの都市類型のあいだに多くの違いが存在する。しかし実際のところ、ここで議論している都市計画思想と屋外活動の面では、注目に値する根本的な変化は二回しか起こっていない。ひとつはルネサンス、もうひとつは近代の機能主義運動がもたらした変化である。

## 中世——物的、社会的側面

今日、都市計画というと、専門家が製図板のうえや模型で都市を設計し、それをもとに建設を行い、完成したものを依頼主に引きわたす、そのような手順を思い浮かべることが多い。このような専門家の手になる計画の歴史は、ルネサンス期に始まった。それ以前にも、ギリシアやローマの多くの都市に見られるように、計画と計画家が存在しなかったわけではない。しかし、中世、つまり紀元五〇〇年から一五〇〇年ごろまでに成立した都市には、後期に計画的につくられた少数の植民都市を除いて、本当の意味での計画は存在していなかった。それらの都市は、必要の生じたところに発生し、都市建設のプロセスのなかで住民の手で形がつくられていった。

これらの都市は、計画図面にもとづいて開発されたものではなく、しばしば何百年にもわたる長い歳月をかけて発展したものである。この点を忘れてはならな

ヨーロッパ各地の都市を見ると、中世につくられた都市空間は、屋外活動にきわめて好都合な条件を備えている。これは、その空間の特質と適度な寸法によるところが大きい。それ以後につくられた都市空間は、概して大きすぎ、広すぎ、直線的すぎるため、この点で中世の都市空間ほど成功していない

左上／南イタリア、プーリア州のマルティナ・フランカ。自然に成長した地区と計画的につくられた地区がはっきり分かる。中世の街では、人間らしい尺度を身近に感じることができる。しかし、専門家が計画した新しい市街地には、それが見られない

左／南ドイツの中世都市、タウベル河畔のローテンブルク

い。なぜなら、こうした緩やかな発展があってはじめて、物的環境を都市機能に合わせて絶えず調整し順応させることができたからである。都市はそれ自体が目的ではなく、利用に応じてかたちづくられる道具であった。

こうして多くの経験の積み重ねのうえに形成された都市空間は、現在でも建物のあいだのアクティビティにきわめて好都合な条件を提供している。

近ごろでは観光の呼びもの、研究の対象、住みたい場所として、多くの中世都市や自然発生的な集落の人気がいちだんと高まっている。その理由は、まさしくこうした特質にある。

これらの都市とその都市空間は、緩やかな発展のおかげで、それ以後の時代の都市にはほとんど見られない固有の特質を備えている。たいていの中世都市がそうである。そこでは、街路と広場が屋外で動きまわり時を過ごす人びとのことを考えてつくられているだけでなく、都市の建設者たちがすばらしい洞察力をもってその計画の根本原理を把握していたように思われる。

とりわけ良い例がシエナのカンポ広場である。囲い込まれた空間のデザイン、日当たりと気候に配慮した広場の向き、鉢形の断面、噴水と車止めの杭の考えぬかれた配置、そのすべての点で、この広場は当時も現在も、市民の出会いの場所、公共の居間として理想的な役割を果たすようにつくられている。

ルネサンス――視覚的側面

中世以来、都市計画の基準には二回の根本的な変化があった。最初の大きな変化はルネサンス期に起こり、自然発生都市から計画都市への移行をもたらした。計画を専門の職業にする人びとが現れ、都市を建設する仕事を請け負い、望ましい都市の姿について理論と理念を展開した。

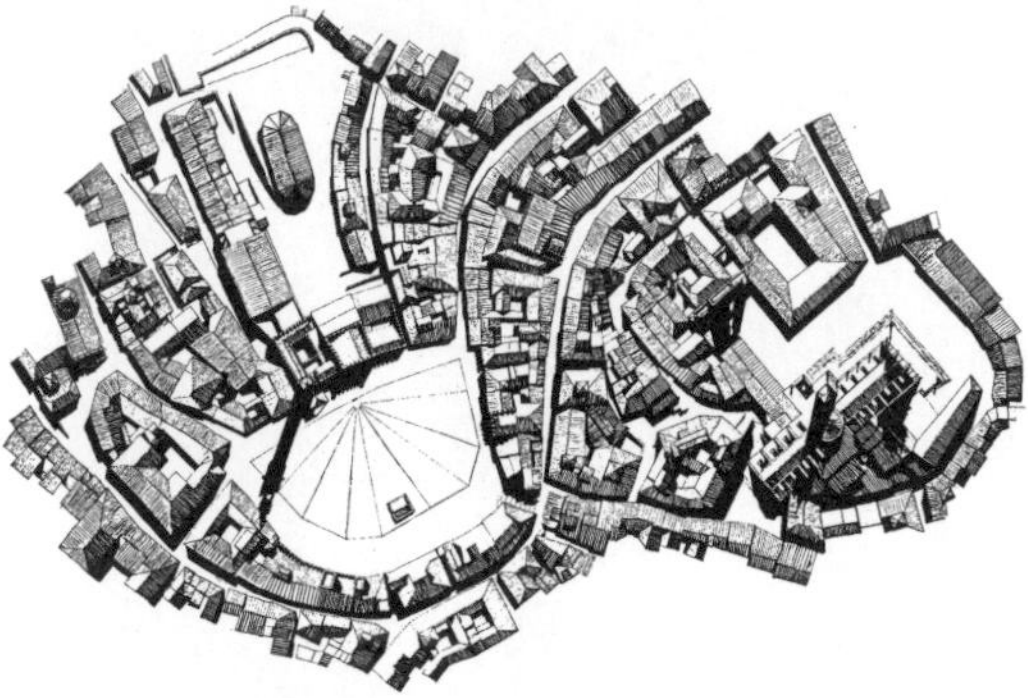

上／シエナの中心部、イタリア
下／シエナのカンポ広場、イタリア

都市はもはや単なる道具ではなく、総合的に構想され、認識され、実現される芸術作品の性格を強く持つようになった。建物のあいだの領域とそこに含まれる機能は、もはや主要な関心事ではなく、空間の効果、建物そのもの、そしてそれを設計した芸術家のほうが上位に置かれるようになった。

この時代に建築と都市デザインの評価基準になったのは、主に都市と建築の外観、すなわち視覚的側面であった。一方で、一部の機能的側面、特に防衛、交通、パレードや行進のような公式の社会行事に関する問題も検討された。しかし、計画の基礎の面でもっとも重要な発達は、都市と建築の視覚的な表現の発達であった。

パルマノバは、一五九三年にスカモッツィがベネツィアの北に建設した星形のルネサンス都市である。その街路は、都市内での位置や目的と無関係に、すべて一四メートルの均一な幅員を持っている。中世の町と違い、この寸法は利用に応じたものではなく、主に形態を考慮して決められたものである。同じことが都市の中央広場、ピアッツァグランデにもあてはまる。この広場は、幾何学性を優先し、シエナのカンポ広場の二倍を超える三万平方メートルの面積を持っている。そのため、この小さな町の中央広場としてはひどく使いにくいものになっている。一方、その都市プランは、ルネサンスの精神を反映した他の多くのプランと同様に、製図板の上でつくられたことが明瞭にわかる興味深いグラフィック作品に

ルネサンス——視覚的側面
上／ドロットニングホルム（スウェーデン）の一八世紀の王宮庭園と、デンマークの公共住宅団地（一九六五年）の中心軸
左／パルマノバ、イタリア（一五九三年）

なっている。

この時代を通じて、都市計画の視覚的側面がはっきり意識されるようになり、その文脈にもとづく美学が確立された。それは、その後数世紀にわたり、建築がこれらの問題を扱うさいの強固な基礎になった。

## 機能主義——生理的、機能的側面

計画の基礎は、機能主義の名のもとに、一九三〇年ごろに二度目の重要な展開を迎えた。この時期に、都市と建築の物的な機能面が美学から独立し、それを補足する計画基準として発達した。

機能主義の基礎になったのは、主として一九世紀と二〇世紀の最初の数十年間に発達した医学知識であった。この新しく幅広い医学知識は、一九三〇年前後に健康で生理学的に望ましい建築の評価基準が確立されたさいに、その背景になった。住宅には光、空気、太陽、通風が必要であり、住民にはオープンスペースが与えられなければならない。従来のように街路に向けてではなく、独立した建物を太陽に向けて建てるべきである。住む場所と働く場所を分離すべきである。この時期、人びとに健康な居住条件を保証し、物的な恩恵をもっと公平に分配するために、これらの要請が明確に打ちだされた。

すべての住宅に平等に高い衛生基準を求めるならば、すべての住戸に日光が直接当たらなければならない。この要求は、新しい住宅地にまったく新しい性格を与えることになるだろう。そこでは、日照に応じて平行に建物を配置する開放的な建築原理が必要になる。つまり、両面に開口部を持つ住戸では東西の棟、そうではない住戸では南北の棟を平行に配置するわけである。しかし、その利点が十分に生かされ、通風が得られ、本当に有効な日照が確保できるのは、前者のタイプの建物である[2]。

## 消滅した街路

機能主義者は、建築デザインがもつ心理的、社会的側面について何も発言しなかった。公共空間についても同じように無関心であった。たとえば、建築デザインは遊びの活動、ふれあいの形式、出会いの可能性などに影響を及ぼすことができるが、これらの点は考慮されなかった。機能主義は、明らかに物的側面を中心に置いた計画思想であった。この思想のもっとも著しい影響は、新しい住宅団地と新しい街から、街路と広場を消滅させたことである。

人間が集落や都市をつくるようになってから、長いあいだ、街路と広場は人びとが集まり出会う生活の焦点をなしてきた。しかし、機能主義が出現し、街路と広場をまったく無用なものと断定した。その代わりに、道路、通路、どこまでもつづく芝生が登場した。

## 「近代後期」の計画基盤

単純化すると、一九三〇年から二〇世紀後半にかけて建設された都市と住宅地を支えていた思想は、ルネサンス期に確立され、その後数世紀にわたって洗練された美学と、機能主義が計画の生理学的側面に関して唱えた教義であった。これらの理念は、これまでさまざまな角度から検討を加えられ、規制や建築法規に組み込まれた。過去数十年にわたり、建築家と計画家の主な仕事は、これらの理念にもとづいて行われてきた。この時期はまた、先進諸国で大量の建設が行われた重要な数十年でもあった。

## 物的側面を重視した計画の社会的可能性

建築家の美学、機能主義が唱えた健康な建築の理念、その両者が実現したとき、新しい都市での生活はどのようなものになるのか。一九三〇年代には、誰もそれを具体的に説明することができなかった。

それまでの暗く過密で不健康な労働者住宅に比べて、新しい明るい高層住宅は明らかに多くの長所を持っていた。それを支持するのは簡単なことだった。

機能主義者は、その声明のなかで、古い都市の「ロマン主義的な感傷」をくり返し攻撃した。

社会環境への影響は議論されることがなかった。彼らは建物が屋外活動、さら

機能主義——生理的、機能的側面

上／トロントの住宅団地、カナダ
中／ベルリンの公共住宅、ドイツ
左／ル・コルビュジエの機能主義宣言に添えられたスケッチには、太陽、光、オープンスペースの重視と、公共都市空間の軽視が、はっきり現れている（『都市計画について』［35］）

には多くの社会的可能性にも大きな影響を及ぼすことを認識していなかった。誰も貴重な社会活動を衰退させたり、排除しようとは思っていなかった。それどころか、建物のあいだに広い芝生をつくれば、多くのレクリエーション活動と豊かな社会生活が行われるにちがいないと考えられていた。完成予想図には、そこで時を過ごし活動するたくさんの人が描かれていた。緑地は住宅団地を一体化する要素になるだろう。このような見通しに疑問を投げかけ、深く追求しようとする動きは現われなかった。

一方的な物的機能主義の計画原理がもたらす影響を改めて評価できるようになったのは、それから二、三〇年後、一九六〇年代から一九七〇年代に、機能主義にもとづく巨大な高層の住宅街が建設されてからである。

機能主義の住宅団地のどこにでも見られる計画原理を断片的にでも調べると、この種の計画が建物のあいだのアクティビティに及ぼす影響をはっきり知ることができる。

## 機能主義の計画と建物のあいだのアクティビティ

まばらに散在した住宅は、日光と空気を確保するうえでは有効だったが、同時に人と出来事を著しく分散させる結果を招いた。住宅、工場、公共建築などの機

オーストラリア、ビクトリア州の郊外住宅地の街路

能分離は、生理学的な問題を緩和したかもしれないが、一方で親密なふれあいの可能性を減少させた。

人、出来事、機能を隔てる大きな距離が、新しい市街地の特徴になっている。自動車を中心にした交通体系が、屋外活動をいっそう減少させる役割を果たした。さらに、個々の団地計画の機械的で鈍感な空間デザインが、屋外活動に重大な影響を及ぼした。

ゴードン・カレンが『都市の景観』のなかで使った「大草原計画」という言葉は、機能主義計画の影響をみごとに言いあてている〔10〕。

### 一戸建ての住宅地——建物のまわりにだけアクティビティがある

自動車の利用が増加すると、機能主義的な高層住宅と並んで、低層の開放的な一戸建て住宅地をつくることが容易になり、スカンジナビア、アメリカ、カナダ、オーストラリアを含む多くの国で、その開発が広く行われた。

これらの住宅地では各戸に庭があるので、私的な屋外活動には恵まれた条件が用意されている。しかし一方で、街路のデザインが適切でなく、自動車交通が主役になり、そして何より人と出来事が広く分散しているので、共同の屋外活動は必要最小限のものしか存在していない。これらの地区では、建物のあいだからアクティビティが締めだされているので、事実上、マスメディアとショッピングセ

アメリカ、コロラド州の郊外住宅地の街路

ンターが外界との唯一の接点になっている。

## 新しい市街地からはアクティビティが排除されている

これらの例をよく見ると、戦後の計画が建物のあいだのアクティビティに深刻

近代建築の堅苦しさに反旗をひるがえしたポストモダンの建築は、住民にとっての使いやすさより芸術表現を優先し、作為的でおおげさな建物を数多く生みだしてきた。
一方、建物内や建物のあいだの日常のアクティビティに応え、それを強化することに成功している現代建築も少なくない。注意深く入念なデザインが、この違いを生んでいる

上／ロッテルダムの新しい集合住宅、オランダ
下／カリフォルニア州、サンタクルーズのクリージ大学は、注意深く配置された街路に沿って建てられている（設計＝チャールズ・ムーア、W・タンブル）

な影響を及ぼしてきたことがよくわかる。アクティビティは、これらの新しい地区から完全に排除されている。それは、十分に考えぬかれた計画の結果というより、直接には関係のないさまざまな考慮の副産物であった。

中世都市のデザインとその空間の規模は、街路と広場に人と出来事を集め、歩行者の往来と屋外生活を促進する働きをした。機能主義にもとづく郊外住宅地と団地計画は、これとまったく逆のことをしている。屋外活動は、ここ数十年のあいだ、工業生産と社会条件の変化に伴い、衰退と拡散の途をたどってきた。これらの新しい地区は、こうした動きに拍車をかけている。

計画家たちは、まばらに広がる郊外住宅地と多くの「都市」再開発地区で、無意識のうちに建物のあいだのアクティビティを著しく衰退させてきた。もし頼まれたとしても、これだけ徹底して任務を果たすことは、ほとんど不可能と言ってよいほどである。

# 建物のあいだのアクティビティ——現在の社会状況

## 積極的参加か受動的消費か

機能主義、新しい市街地、まばらに広がる郊外住宅地への批判が、主として無視され、破壊され、姿を消した公共空間に集中したのは偶然の一致ではない。

電話、テレビ、ビデオ、パソコンが、情報交流に新しい途を開いた。いまでは間接的な通信技術が、公共空間での直接の出会いの代わりをすることができる。積極的にその場に足を運び、参加し、体験する代わりに、受動的に映像を眺め、他人が他の場所で体験していることを見ることができる。身近なところで自然に発生する社会活動に積極的に参加する代わりに、自動車を運転し、好みの友人や催し物を訪れることができる。

失われたものを補う豊富な可能性が存在している。それなのに、公共空間が軽視されていることを批判する意見がいまだに横行しているのは、まったく腹だたしいことだと考える人たちがいる。

何かが欠けている。

抗議

何かが欠けている。物的計画に対する幅広い市民の抗議が、それをはっきり示している。街と住宅地の環境について、各地で論争が行われ、物的環境の改善を求める住民組織が拡大している。歩行者と自転車の交通条件を改善しよう。子供と老人をとりまく条件を改善しよう。レクリエーションと社会活動の面で、コミュニティ機能を支える環境を総合的に改善しよう。これらが、彼らの代表的な要求である。

提案

何かが欠けている。近代主義と激しく衝突し、ぶざまに広がる郊外住宅地を批判してきた新しい世代の建築家と計画家がそれを指摘している［30・34］。街路、広場、公園などの公共空間を注意深く計画し、都市を再び建築の重要な対象にしようとする動きは、まさしく市民の抗議の高まりを読み取り、それに方向を与えようとするものである。

動向

何かが欠けている。それは、最近ではヨーロッパの工業社会の発展動向にもはっきり現われている［9］。

家族形態が変化している。平均の家族規模が小さくなった。スカンジナビアでは、一家族の平均人数が二・二人に減っている。こうした変化に伴い、家の外の手近なところに、ふれあいの機会を求める需要が増えつつある。人口構成も変化している。一般に、子供が少なくなり、大人が増えている。老人が人口の二〇パーセントを占め、定年後も健康で、一〇年二〇年、ときには三〇年の余生を楽しむ。多くの工業国では、こうした状況がありふれたものになりつつある。スカンジナビアでは、余暇時間をたっぷり持ったこの年齢層の人びとが、都市空間をもっともよく利用している。利用に値する空間があれば、彼らはそれを利用する。

最後に、職場の状況も急速に変化している。技術が進み、効率が高まるにつれて、多くの仕事からふれあいと創造性が失われた。また、技術の発達は通常、労働の負担を軽くし、労働時間を短くする。より多くの人びとがより多くの時間を手にしている。それと同時に、ふれあいと創造の欲求を満たすには、多くの場合、従来の職場とは別のはけ口が必要になっている。

これらの新しい需要に対して、住宅地と街、そして地区センターから中央広場までの各種の公共空間は、それを満足させる舞台になることができるはずである。

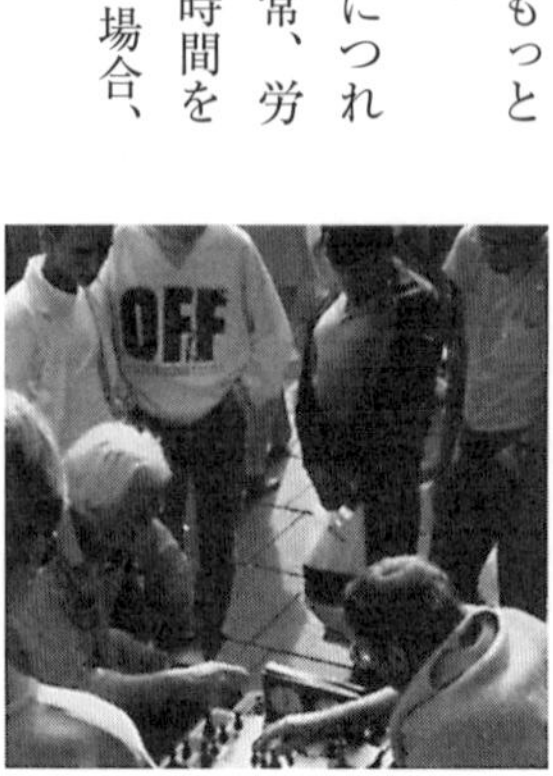


公共空間の新しい利用が増加している背景には、社会の変化が存在している。公共空間に、社会活動とレクリエーション活動の機会を提供する必要性が、高まりつづけている。いっそう多くの人が公共空間を利用する

## 新しい街路アクティビティのパターン

都市社会の条件が変化したことは、最近の街路アクティビティのパターン変化にもっとも鮮やかに現れている。

世界の各地で、車に占領されていた都心に歩行者街路網がつくられている。その結果、商業活動が活発になっただけでなく、それ以上に公共空間でのアクティビティが著しく増加した。そこには、内容豊かなふれあいとレクリエーションをはぐくむ都市生活が発達した。

たとえば、コペンハーゲンでは一九六二年に改造が始められた。それ以来、歩行者街路は増加の一途をたどっている。都市のアクティビティは、広がり、創造性、洗練度の点で年ごとに成長してきた[16]。いろいろな民俗芸能祭と大規模で人気の高いカーニバルが行われるようになった。それまでは、誰もスカンジナビアでそのような行事ができるとは考えていなかった。いまでは、人びとの求めに応じて、さまざまな行事が行われている。さらに重要なのは、日常活動の広がりと数が増したことである。一九九五年にコペンハーゲンの繁華街の街路アクティビティを調査した結果によれば、過去二〇年間に、社会活動とレクリエーション活動は四倍に増えている。この時期に都市の人口は増えていないが、街路アクティビティは明らかに増加している。

同じように、新しい住宅地の公共空間も必要な特質を備えたものはよく利用さ

ようになっており、利用のしかたも、受動的なものから積極的なものにはっきり変化してきている（コペンハーゲンの夏）

れている。人びとは公共空間を求めている。明らかに、住宅地の小さな街路から都市の広場まで、あらゆる種類と規模の空間が必要とされている。

建物のあいだのアクティビティ——独立した特質、そしておそらくは出発点

第二部からは、建物のあいだのアクティビティに必要な物的背景を調べていく。その基礎になるのは、生活条件と都市の改善についての批評、反応、見通しである。

最初に遠大で野心的な目標を掲げるつもりはない。むしろ、毎日のアクティビティ、ありふれた場面、日常生活の舞台になる空間に、注意と努力を集中しなければならない。それが本書の基本理念である。この理念は、公共空間に対する控えめな、しかし相当に幅広い、次の三つの要求に示されている。

・必要な屋外活動に適した条件
・任意のレクリエーション活動に適した条件
・社会活動に適した条件

たやすく安心して動きまわれること。街や建物のあいだをのんびり歩けること。空間、建物、都市生活を楽しめること。あるときは気軽に、あるときは少し格式

ばって他の人たちと出会い、集まれること。これらは、以前と同じように現在でも、よい都市とよい開発の基本原則である。

これらの要求の重要性は、いくら評価しても評価しすぎることはない。それらは、日常活動にもっと良好でもっと有益な背景を与えることを目標にした控えめな要請である。一方、建物のあいだのアクティビティとコミュニティ活動にとって望ましい物的背景は、どのような場合にもそれ自体が貴重な特質であり、そして、おそらくは出発点である。

# 第二部　計画の前提条件

## プロセスとプロジェクト

### プロセス——そしてプロジェクト

この本の主題は、屋外の公共空間における物的環境と活動の相互作用である。屋外空間での社会活動も、当然のことながら、この相互作用の大切な一部をなしている。

第一部では、他の人びとと出会い、ふれあいを育て、維持し、隣人と垣根をはさんで雑談をする機会について述べてきた。そのなかで、屋外活動の広がりと隣人どうしの交流頻度のあいだに直接の相関関係があることを、例をあげて説明した。住民が屋外に出ることが多くなれば、彼らが出会う機会も多くなる。あいさつを交わす機会が増え、会話が広がる。

しかし、これらの事例から、ある一定の形の建物をつくれば、それだけで近所の人たちのあいだにふれあいと緊密なきずなが自然にできあがると結論づけるのは、いささか性急である。建築だけで、このような交流を育てることはできない。しかし、こうした交流に都合のよいデザインは、それを促進することができるだ

玄関、バルコニー、ベランダ、前庭などが住宅地内の通路に面していると、住民は公共空間でのアクティビティを見守ることができ、日常活動をしているあいだに頻繁に出会うことになるだろう。これは社会的ネットワークを形成する重要な要因になり得る（コペンハーゲンのセベリウスパルケン団地。設計＝連合設計室）

ろう。

コミュニティ活動の前提条件

近所づきあいやさまざまなコミュニティ活動が上辺だけのものでなくなるには、一般的に共通の背景、共通の関心、共通の問題など、ある種の公分母が必要である。

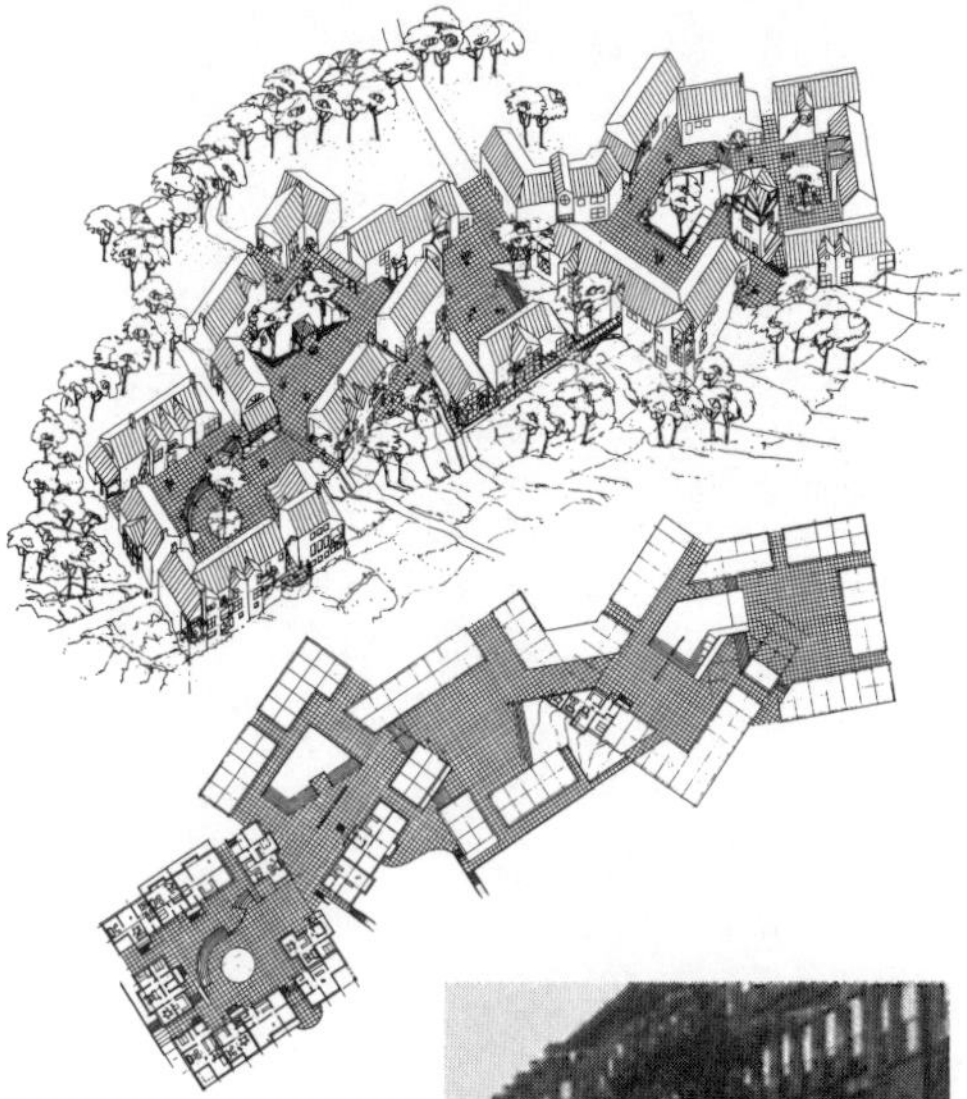

スカンジナビアの新しい住宅地では、全体を小規模なまとまりに区分する手法が広く採用されている。特に、一五〜三〇戸の小さな住戸群が適切であり、住民の結びつきを促進することがわかっている
上／デンマークのスカーデ団地、一九八五年（設計＝C・F・メラース設計室）
下／路上パーティ＝街路をはさんだ一区画がコミュニティの単位になっている

このことは、特に深い有意義なふれあいにとって必要な条件に当てはまる。それ以外の、もっと控えめで、たいていは実用本位のふれあいの場合、物的背景はさらに大きく直接的な役割を果たす。

## プロセスとプロジェクトの相互作用

したがって、それぞれの地区に備わっている前提条件を読みとり、その地区の住民各層の関心と要求を考慮すれば、どのような状況のもとでも、公共空間における社会活動とふれあいのプロセスのあいだに、いくつかの段階の相互作用を観察することができるにちがいない。

どのような場合にも、物的な背景が住民の社会生活に多少とも影響を及ぼしていることが指摘できるだろう。

物的背景の設計しだいで、望ましい形のふれあいを妨害し、さらには不可能にすることもできる。建築は、文字どおり望ましい活動パターンの行く手に立ちふさがることができる。

反対に、物的背景の設計を工夫することによって、可能性の幅を広げ、プロセスとプロジェクトが互いに助け合うようにすることもできる。公共空間に建物のあいだのアクティビティが見られるのは、このような場合である。可能性は妨げることもできるが、促進することもできる。

これまで、プロセスと団地プロジェクトのあいだに安定した相互作用をつくろうとする実践が各地で試みられてきた。次に、こうした試みを詳しく紹介しよう。そこには、いくつかの原則と定義も導入されている。

## 社会構造

職場、組合、学校、大学などで民主的プロセスがうまく働くようにするためには、小区分やグループをつくる必要がある。

たとえば大学には、学部、研究所、学科から、最小単位の研究グループにいたる段階構成が存在している。この構造は、意志決定の重みを決め、個人が社会や専門のものごとを処理する際のよりどころになる。

## 社会構造——住環境の場合

一九七八年に建設されたデンマークのコープ住宅団地、ティンゴーエン〔49〕を例にとろう。この八〇戸の賃貸住宅群は、計画者が社会構造と物的構造の両者を入念に考慮したよい見本である。その目標は、プロセスとプロジェクトをいっしょに機能させることであった。

この計画は、入居予定者と建築家の共同作業であり、望ましい社会構造を目指すはっきりした姿勢を物語っている。

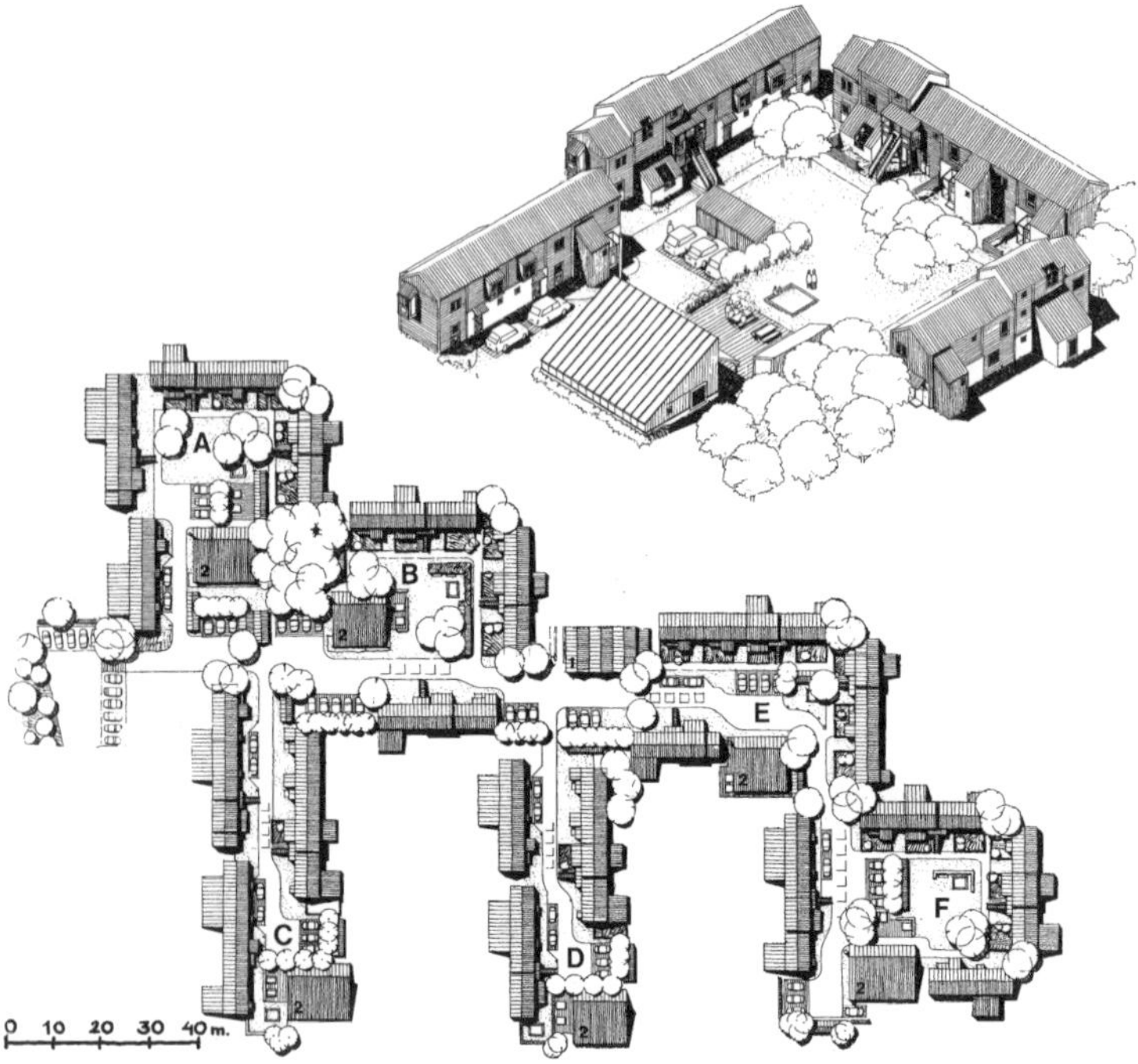

プロセスとプロジェクトの相互作用
——コペンハーゲンのティンゴーエン団地

住宅群は、一五戸前後の住戸を含む六つのグループに分けられ、各グループに共用室が設けられている。

さらに中央には、団地全体を対象にする大きなコミュニティセンターがある。住戸、住戸群、住宅団地、都市という段階構成は、個々の住宅グループと団地全体の双方で、コミュニティと民主的プロセスを強化しようとする願いから生みだされたものである。

物的構造——住環境の場合

この住宅群の物的構造は、住民が求める社会構造を反映し、それを維持している。

共用空間の段階構成には、社会的なグループ分けの段階構成が反映されている。家族には居間がある。住宅は、二つの共用空間、屋外の広場と屋内の共用室を囲んで配列されている。そして最後に、住宅群全体が団地の中央街路にそって並び、そのなかに大きなコミュニティセンターが置かれている。家族は居間で顔を合わせ、住戸グループの住民は広場で顔を合わせる。団地全体の住民は、中央街路で顔を合わせる。

コペンハーゲン南部のコープ住宅団地、ティンゴーエン（一九七七〜七九年建設）は、六つの住戸群（A〜F）に小区分されている。住戸群の平均規模は一五戸である。各住戸群は、広場とコミュニティハウス（2）を囲んでいる。中央街路沿いには、全住戸群が共用するコミュニティセンター（1）が置かれている（設計＝バンクンステン設計室）
右上／二つの共用空間、屋外の広場と屋内のコミュニティハウスを囲む住戸群（A）
中／敷地平面図

## プロセスとプロジェクトの相互作用

この種の団地プロジェクトの根底にある考え方は、物的構造、すなわちプロジェクトが、視覚面でも機能面でも住宅地の望ましい社会構造を支える働きをするというものである。

視覚面では、グループの広場や街路のまわりに住宅を配置することによって、社会構造が物的に表現される。

機能面では、段階構成の各レベルで屋内と屋外に用意された共用空間が、社会構造を支える働きをする。

共用空間の主な機能は、建物のあいだのアクティビティに舞台を提供すること、自然に発生する日常の活動、たとえば歩行者の通行、ちょっとした立ち話、遊び、そして住民が望めばそこから次のコミュニティ生活が育っていくような、簡単な社会活動に舞台を提供することである。

## 散漫な構造

ティンゴーエンは社会的にはっきり区分され、それに対応した明快な物的構造を持っている。これと正反対なのが、郊外によく見られる一戸建ての住宅地や高層の住宅団地である。

そこでは多くの場合、家族または世帯が社会構造の最小単位をなしている。この単位の次にくるのは、都心やショッピングセンターなど、それよりはるかに大きな単位であり、両者のあいだの段階構成はきわめて不明瞭である。その構造は、物的にはっきりした区分を持たず、どこに行っても同じような働きしかしない。住宅地は、散漫な内部構造とあいまいな境界しか持っていない。個々の住戸がどこに「属している」のか、また住宅地がどこで「終わる」のかはっきりしていない。コミュニティ活動を、どこで、どのように行うことができるのか。この点を考えて住宅地の街路が設計されていることはほとんどない。このような条件のもとでは、不明瞭な物的構造そのものが、建物のあいだのアクティビティにとって明らかな障害物になる。

この二種類の住宅地の例は、住環境を形成するうえで社会構造と物的構造の考え方が大切なことを説明している。また、公共空間と建物のあいだのアクティビティを、必ず社会プロセスとグループの規模に関連させて考えなければならないことを強く示している。そして、社会プロセスを育て、維持するうえで、建物のあいだのアクティビティ、さまざまな段階での出会いの機会が重要な役割を果たすことを強く示している。

プライバシーの度合い

居間から市役所広場まで、コミュニティ空間に段階構成を導入し、それらの空

散漫な構造。メルボルンの郊外住宅地、オーストラリア

間をさまざまな社会グループと結びつけると、それぞれの空間にはそれぞれ異なる公私の度合いが生じてくる。

この物差しの一方の端には、庭やバルコニーのような私的な屋外空間をもった個人住宅がある。一群の住宅に囲まれた公共空間は、確かに誰でも利用することができるが、特定の住宅と緊密な結びつきをもっているので、その性格は半公的なものである。地区の共用空間は、それより幾らか公的であり、市役所前の広場は完全に公的な空間である。

公私のあいだの物差しを、ここに述べたよりずっと細かく区分することもできる。また、不明瞭な都市構造のなかの高層住宅や一戸建て住宅のように、物差しをもっとあいまいにすることもできる。そのような場合には、私的領域と公的領域のあいだに、中間領域、あるいは移行ゾーンがほとんど存在していないことが多い。

## 領域、安心、帰属感

いろいろな段階のコミュニティ空間を使い、社会構造とそれに対応する物的構造をしっかり築きあげると、小さなグループから大きなグループに、小さな空間から大きな空間に、私的な空間から公的な空間に、段階的に移動することが可能になり、大きな安心感と私的な住まいをとりまく領域への強い帰属感が得られる。

自分の住まいに属していると感じる領域、すなわち住環境が現実の住まいを大きく超えて広がるようになる。これは、それだけで公共空間の利用を拡大する働きをするだろう。たとえば、親たちは、そうでない場合に比べてずっと小さなときから幼い子供を屋外で遊ばせるようになるだろう。

また、住まいのすぐそばに半公的で居心地のよい、くつろいだ空間を設け、屋外空間が段階構成を持つように住宅地をつくれば、それだけ地区の人びとをよく知ることができるようになる。屋外空間が自分の住まいの領域に属していると実感されれば、この公共空間とそのまわりの住宅をそれだけ気をつけて見守り、力を合わせて責任を持つようになる。公共空間が住環境の一部になり、人びとは住まいを大切にするのと同じように、破壊行為や犯罪から公共空間を守るようになる[9・40]。

住宅地を境界のはっきりした小さな構成単位に区分し、総合的な段階構成の一環に組み込むことが大切である。この考え方に対する理解がしだいに深まり、新しい団地計画に採用されることが多くなっている。このような小さな構成単位に住む人たちは、グループ活動を組織したり共通の問題を解決するのが早く手際のよいことが、いくつかの事例で明らかにされている。

一方、既存の住宅団地の更新や改善に際しても、住宅地を境界のはっきりした小さな構成単位に区分する手法が広く採用されるようになってきている。古い公

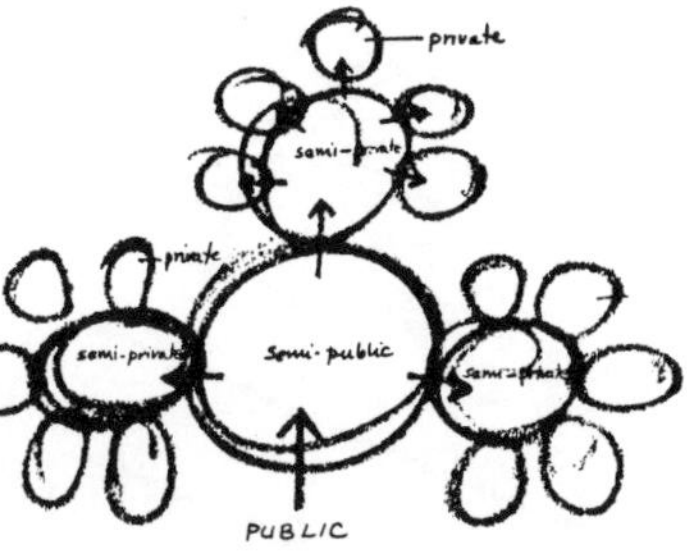


私的、半私的、半公的、公的空間の段階構成をもつ住宅地の模式図。明快な構造は、自然に監視を促進し、住民が「地元」の人とそうでない人を見分けるのを助け、共通の問題について合意を形成する可能性を高める（オスカー・ニューマン『まもりやすい住空間』[40]より）

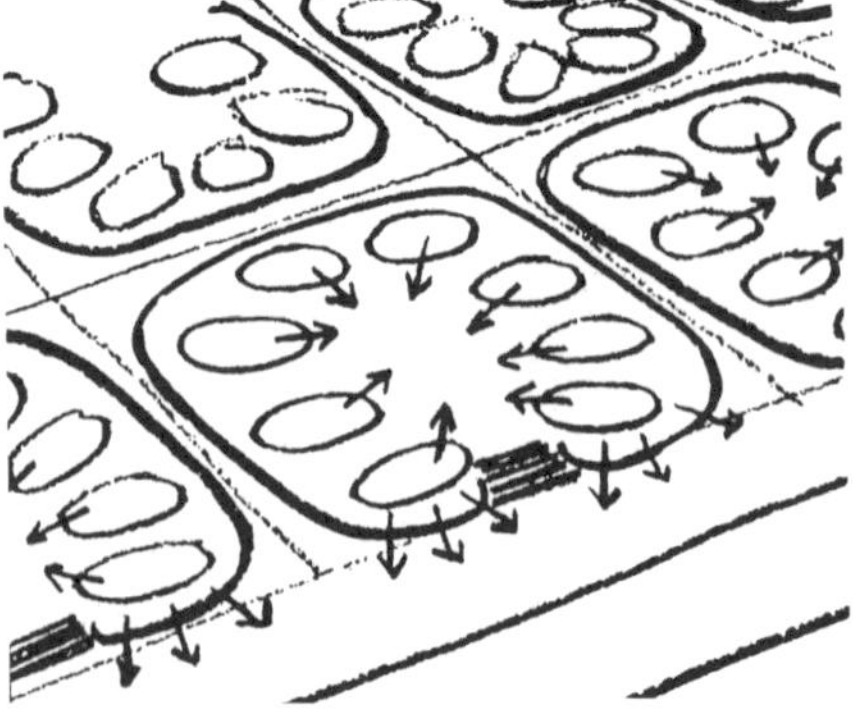

境界をはっきりさせることは、内部の構成を明快にし、コミュニティの問題を解決するための大切な手段である

左上／はっきり表示された住戸群の入口（ニューカッスルのバイカー団地）

右上／コペンハーゲン市の分割を提唱する住民団体が設置した非公式な歓迎標識「住民二万四〇〇〇人——コペンハーゲン統治領」

共住宅団地が抱えている深刻な問題のひとつは、巨大な規模と境界のあいまいな公共空間である。それらは、あまりに大きく不明瞭なため、一種の無人地帯になってしまっている。

右頁左下／私的空間と共用空間のあいだに明瞭な移行ゾーンを持った住宅地の段階構成（オスカー・ニューマン『まもりやすい住空間』［40］より）

## 移行ゾーン——緩やかな移行

最後に、各種の公共空間のあいだの滑らかで緩やかな移行について述べておく必要がある。たとえば、都市の街路と住戸グループのあいだの移行を物的に表示するのは好ましいことであり、多くの場合、重要な意味を持っている。しかし、それと同時に、表示がきびしすぎる分離を招き、外界とのふれあいを妨げることがないように配慮する必要がある。たとえば、子供にとって近くの遊び場で友達が遊んでいるかどうかを知るうえでは、視覚的な結びつきが十分に確保されていることが大切である。

社会構造、物的構造、移行ゾーンは、はっきり区分されていると同時に近づきやすく、足を踏み入れやすいことが望ましい。このような十分に考えぬかれた構造のよい例は、ラルフ・アースキンが設計したスウェーデンのランズクロナとサンドビカ、英国ニューカッスルのバイカー団地に見ることができる［7］。

バイカー団地は、老朽化した長屋地区を取り壊し、新しい住宅を建て、一万二〇〇〇人の旧住民を再定住させた都市再開発プロジェクトである。そこでは、住み慣れた建物から新しい建物への移転を容易にし、生活の連続性を維持するために、新しい団地を境界のはっきりした構成単位、たとえば以前の街路や地区に対応する住戸グループや街区に区分することに細心の注意が払われた。さらに、それぞれの住戸グループを明瞭に区分するために、門と木戸を使って移行ゾーンが物的にはっきり区画された。しかし、その境界は互いの交流が困難になるほど堅苦しいものではない。

# 感覚、コミュニケーション、規模

## 感覚──計画に必要な考慮

人間の感覚、それはどのように作用し、どのような広がりを持っているのだろうか。屋外空間と建物配置をデザインし、規模を決定するには、この点を熟知していることが大切な前提条件になる。

屋外の社会活動のうちでもっとも幅広く見られるのは、目と耳によるふれあいであり、それに関わりを持っているのは視覚と聴覚である。そこで、当然のことながら、視覚と聴覚の働きが計画の基本因子になる。感覚についての知識は、それ以外の形をとった直接コミュニケーションを理解し、空間の状態と規模に対する人間の知覚を知るうえでも必要な前提条件になる。

## 正面性と水平性を持つ感覚器官

人間の体は、もともと時速約五キロの速さで主に水平方向に移動するのに適しており、感覚器官はこの条件に合わせて精巧につくられている。感覚は本質的に正面性を持ち、もっとも発達した、もっとも有用な感覚のひとつである視覚は、はっきりした水平性を持っている。水平方向の視野は、垂直方向に比べてはるかに広い。まっすぐ前を見たとき、両側にほぼ九〇度の水平角の範囲については、一目で様子をつかむことができる。

下向きの視野は水平方向よりずっと狭く、上向きの視野も同じように狭い。歩いているときには、路面を見るために視線が一〇度ほど下を向くので、上向きの視野はさらに狭くなる。街路を歩いている人は、事実上、建物の一階の床と舗装と、街路空間のなかで起こっていることしか見ていない。

したがって、出来事が知覚されるためには、それを観察者の前方のほぼ同じ高さで行う必要がある。この事実は、劇場、映画館、講堂など、各種の観客空間のデザインに反映されている。劇場では、二階席の入場料が安くなっているが、それは、そこからでは劇の進行を「正しい」方法で見ることができないからである。また、誰も舞台の床より低い席に座りたがらない。スーパーマーケットの商品の陳列にも、垂直方向の視野の狭さが考慮されている。そこでは、日常の家庭用品は目の高さより低く床に近い棚に置かれており、目の高さの棚には、客の衝動買いを期待して、あまり重要でない必要度の低い商品が並べられている。

人びとが動きまわり、活動に参加している場所を見ると、彼らは、どこでも同じ水平面の上で行動していること、上下に移動すること、上下で話をすること、見上

| ふれあいの抑圧<br>視覚・聴覚 | ふれあいの促進<br>視覚・聴覚 |
| --- | --- |
| 1. 壁・塀 | 1. 壁・塀の除去 |
| 2. 長い距離 | 2. 短い距離 |
| 3. 高速 | 3. 低速 |
| 4. 複数の高さ | 4. 同じ高さ |
| 5. 背を向けた位置 | 5. 向かい合った位置 |

感覚とコミュニケーション
物的な配置計画は、少なくとも五つの方法で、目と耳によるふれあいを促進し、また妨げることができる

げたり見下ろしたりすることはどれも楽ではない。

## 遠距離受容器官と近接受容器官

文化人類学者エドワード・T・ホールは、著書『かくれた次元』のなかで、五感とその働きを人間のふれあいや外界体験と結びつけて説明している[23]。ホールによれば、感覚器官には遠距離受容器官（目、耳、鼻）と近接受容器官（皮膚、膜、筋肉）の二種類がある。これらの受容器官は、それぞれ分化の度合いに差があり、作用範囲が異なる。

ここでは、遠距離受容器官が特に重要である。

## 嗅覚

嗅覚が香りの違いをかぎ分けることができるのは、ごく狭い範囲に限られている。他人の髪、皮膚、衣類から発散する比較的弱い香りは、一般に一メートル以内の距離でなければ捉えることができない。香水などのもう少し強い香りは、二、三メートル離れていても感じることができる。この距離を超えると、人間は強烈な臭気しか感じることができない。

### 聴覚

聴覚の作用範囲はもっと広い。七メートル以内の距離では、耳は大きな効力を持っている。これより距離が短ければ、あまり困難を感じないで会話を交わすことができる。約三五メートルの距離までなら、講義を聴いたり、質疑応答をすることができる。しかし、実のある会話に加わることはできない。

三五メートルを超えると、聞きとる能力が大幅に低下する。大声で叫んでいる人たちの声を聞くことはできるが、叫んでいる内容を理解するのはむずかしい。距離が一キロ以上になると、砲声や上空を飛ぶジェット機の大騒音しか聞こえない。

### 視覚

視覚は、さらに広い作用範囲を持っている。私たちは星を見ることができる。音の聞こえない飛行機でも、はっきり見えることがよくある。しかし、人と人との関係では、視覚も他の感覚と同じように明確な限界を持っている。

### 社会視野——〇〜一〇〇メートル

私たちは、一群の人影が〇・五〜一キロの距離にあるとき、背景や光の状態がよく、彼らに動きがあれば、その存在に気づき、それを人間であると識別すること

7.5 メートル（25 フィート）

2 メートル（6 フィート）

40 センチメートル（16 インチ）

80 メートル（240 フィート）

50 メートル（150 フィート）

20 メートル（60 フィート）

ができる。約一〇〇メートルまで近づくと、それまでただの人影だったものが一人の人間に見えてくる。この範囲を社会視野と呼ぶことができる。この距離が行動に与える影響を見るには、混みあっていない海岸に行くとよい。そこでは、海水浴客のグループが、空間に余裕があるあいだは、ほぼ一〇〇メートルの間隔を保って場所をとっている。この距離では、それぞれのグループから海岸の向こうに別のグループがいることは認められるが、それが誰なのか、また何をしているのかは分からない。七〇〜一〇〇メートルの距離になると、性別、およその年齢、その人がしていることを、ある程度の確実性をもって判断することができる。

この距離では、衣服や歩き方で、よく知っている人をたいてい見分けることができる。

七〇〜一〇〇メートルの限界は、サッカー場など、各種のスポーツ競技場の観客席にも影響を与えている。たとえば、競技場の中央からいちばん遠い席までの距離は七〇メートル前後のことが多い。それより遠いと、観客に試合の進行がよくわからなくなる。

個人を区別する細かい点を識別することができるのは、距離がかなり近くなってからである。約三〇メートルの距離になると、顔の特徴、髪型、年齢がわかり、たまにしか会わない人でも見分けることができる。二〇〜二五メートルまで近づくと、たいていの人は他人の感情と気分を比較的はっきり読みとることができる。

社会関係の面で、出会いが本当に興味深く意味を持ってくるのは、この距離からである。

劇場にその例を見ることができる。劇場の舞台といちばん遠い観客席との距離は、最大でも三〇～三五メートルのことが多い。劇場では、感情を伝達することが何より大切である。そして、俳優がメーキャップや誇張された動きで視覚的な印象を「拡大」しても、演技から何かを受けとろうとすれば、観客席の距離にははっきりとした限界が存在する。

もっと近い距離では、他の感覚が視覚を補うようになるので、情報の量と密度が大きく増大する。普通の会話は、たいてい一～三メートルの距離で行われる。この距離では、一般に、人間どうしの有意義なふれあいに必要な細かい点をはっきり感じとることができる。さらに距離が近くなると、印象と感情がいっそう強化される。

距離とコミュニケーション

人間のコミュニケーションには、感覚に与える印象の強さと距離の相互作用が、広く利用されている。強い感情を伴うふれあいは、〇～〇・五メートルのごく近い範囲で行われる。この距離では、すべての感覚がいっしょに働き、微妙な調子や細かい点を残らずはっきり感じとることができる。一方、それより弱いふれあいは、もっと離れた、〇・五〜七メートルの距離で行われる。

ふれあいに際しては、ほとんどの場合、はっきり意識して距離が利用されている。お互いの関心と集中が増すと、参加者のあいだの距離が小さくなる。人びとは互いに歩み寄り、あるいは椅子から体を乗りだす。その場の雰囲気がもっと「近づいた」熱心なものになる。逆に、関心と集中が低下すると、距離が大きくなる。たとえば、話し合いが終りに近づくと距離が大きくなる。参加者の一人が会話を切りあげたくなったとき、後ろへ数歩さがることがある。彼は「その場から身を引いた」わけである。

これら以外にも、ふれあいの距離と強さの関係を示す言葉が数多くある。私たちは、「緊密な友情」や「近い親類」の話をし、「遠い関係」「人を寄せつけない」「人と距離を置く」などと言う。

距離は、いろいろな社交場面の親密さと集中度を調節するのにも、個々の会話の始まりと終わりを制御するのにも利用されている。この事実は、会話をするには一定の空間が必要なことを示している。たとえば、エレベーターのなかでは正常な会話はほとんど成立しない。奥行きが一メートルしかない前庭についても同じことが言える。どちらの例でも、気の進まないふれあいを避け、好ましくない場面から身を引く方法がない。一方、前庭の奥行きが深すぎると、会話のきっかけが生まれない。オーストラリア、カナダ、デンマークの調査（五一および二六三頁参照）によれば、この場合の最適距離は三・二五メートルであるらしい。

社会距離

エドワード・ホールは、『かくれた次元』のなかで数種類の社会距離を定義している[23]。それは、西ヨーロッパとアメリカ文化圏で、各種のコミュニケーションに対応して観察される習慣的な距離である。

密接距離（〇〜四五センチ）は、優しさ、慰め、愛情、あるいは激しい怒りなど、強い感情が表現される距離である。

個体距離（〇・四五〜一・三〇メートル）は、親しい友人や家族のあいだの会話の距離である。家庭の食卓についている人たちの距離に、その例を見ることができる。

社会距離（一・三〇〜三・七五メートル）は、友人、知人、隣人、同僚などのあいだの日常会話の距離である。応接セットの肘掛け椅子とコーヒーテーブルは、この社会距離を物的に表現している。

最後の公共距離（三・七五メートル以上）は、もっと堅苦しい場面で利用される距離である。有名人を囲む距離、一方通行の授業の距離、出来事を見聞きしたいが、巻き込まれたくないときの距離などがその例である。

### 規模の大小

さまざまなふれあいの場における距離と強さ、親密さと温かさの関係は、その場の知覚を支配している建築規模と重要な対応関係を持っている。控えめな規模、狭い街路、小さな空間を持った街や住宅団地では、建物、建物の細部、空間を動きまわっている人たちを近い距離からかなりの強さで体験することができる。これらの街と空間は、同じように親しみやすく、温かく、身近なものに感じられる。逆に、大きな空間、広い街路、高い建物の住宅団地は、冷たく縁遠いものに感じられることが多い。

### 体験のための時間

物や出来事を知覚するには、それが目の高さに近いところにあるのが望ましい。また、人間の視覚は範囲が限られている。他の人たちを体験するには、これらの要件に加えて、視覚的印象を捉えて処理するだけの適度な時間が必要である。

一般に、感覚器官が細部や印象を無理なく識別し、処理することができるのは、それを人が歩いたり走ったりする速さ、つまり時速五~一五キロの速さで受け入れた場合である。動きの速さが増すと、細かい点を見分け、意味のある社会情報を整理できる可能性が目立って低くなる。この現象の憂うつな例を、高速道路で観察することができる。そこでは片側で事故が起こると、多くの場合、対向車線

の運転者が何があったか見ようとして、速度を時速五キロ程度まで落とすため、上下両方向の車線で渋滞が生じる。もうひとつの例はスライドの上映である。スライドの場面をあまり速く切り替えると、観衆から、「何をやっているかわかる」ようにもっとゆっくり進めてほしいと言われることになる。

二人の人間が両側から歩いてくるとき、相手に気づいてから出会うまでに約三〇秒が経過する。このあいだに情報がつぎつぎに積み重ねられ、いろいろな細かい点が少しずつわかってくる。それによって、二人は状況に反応する時間を持つことができる。この反応時間がひどく短くなると、車が路上のヒッチハイカーの脇を高速で通過するときのように、状況を認識し対応する能力が失われる。

車中心都市の尺度——人間都市の尺度

高速で移動している人が、物や人を見分けることができるためには、表示をひときわ大きくする必要がある。

そのため、車中心都市と人間都市は、まったく異なる尺度と規模を持っている。車中心都市では、標識や看板は、ひときわ大きく目立つものでなければ見てもらえない。建物も同じように大きく、細部はどのみち見えないので貧弱である。人間の顔や表情は、尺度が小さすぎてまったく見分けられない。

小さな規模は温かく親しみやすい空間を意味する。距離は、人びとのあいだのいろいろな関係を表現するのに使われる。「身近な友人」「人を寄せつけない」といった言葉は、親しさの度合いを示している

同じように、小さな空間は、温かく身近に感じられることが多い。規模が小さいと、他の人びとを見聞きすることが容易になる。また、小さな空間では、全体と細部を同時に楽しむことができる。反対に、大きな空間は、冷たく縁遠いものに感じられる。建物も人も「距離を置いて」いる

右上／ラ・デファンス、パリ
右／パースのロンドンコート、オーストラリア

Pizza Palace
PAPA JIM'S
FAMOUS
SUBMARINES

THINK BIG

### 徒歩で行われるアクティビティ

意味のある社会活動、鮮やかな体験、会話、抱擁が行われるのは、いずれも人びとが立ち止まり、座り、横になり、あるいは歩いているときである。この点を強調しておきたい。自動車や列車の窓からでも、他の人びとをちらっと見ることはできる。しかし、アクティビティが生まれるのは歩いているときである。私たちがくつろぐことができる、また体験し、一息つき、参加する時間を持つことができる、そのようなふれあいと情報の意味深い機会を提供してくれるのは「徒歩」の場合だけである。

### 孤立とふれあいのための物的計画

感覚の可能性と限界を要約すると、建築家と計画家が孤立やふれあいを促進し、また妨害するには五つの手段があるようだ。

| 孤立 | ふれあい |
| --- | --- |
| 壁・塀 | 壁・塀の除去 |
| 長い距離 | 短い距離 |
| 高速 | 低速 |

車の大きさ、そして特にその移動速度が、車中心都市と人間都市の大きな違いを生んでいる。動いている車から建物や標識が見えるためには、デザインをおおまかにし、文字や記号を大きくする必要がある

おおげさなピザ御殿、ガソリンスタンド、特大の信号が並んでいるアメリカ郊外の「バーガーストリップ」に行くと、騒々しくおおざっぱな時速八〇キロの建築を見ることができる。しかし、高速と低速の二種類の交通が同じ空間に混在しているところでは、どこでも二つの尺度の対立が見られる

複数の高さ　　同じ高さ
背を向けた位置　　向かいあった位置

この五つの原則を単独に、または組み合わせて用いることにより、それぞれ孤立とふれあいの物的な前提条件をつくりあげることができる。

上／アクティビティは徒歩で行われる（コペンハーゲンの歩行者優先街路、デンマーク）
ゆっくりとした速さ、小さな規模、注意深い仕上げは、密接な相互関係を持っている（中／コペンハーゲン、右／オランダ、マルケン島）

# 建物のあいだのアクティビティ――プロセス

## 建物のあいだのアクティビティ――自己増殖プロセス

建物のあいだのアクティビティは、自己増殖プロセスになる潜在的な可能性を持っている。誰かが何かを始めると、あるときは直接の参加、あるときは他人の行為を傍観するかたちで、別の人がそれに加わる。これは、どこでも見られる明らかな傾向である。個々の人や出来事は、このようにして互いに影響と刺激を与えあうことができる。このプロセスがいったん動きはじめると、全体の活動は、ほとんどの場合、それを構成している個々の活動の総計よりも大きく複雑なものになる。

家庭では、活動の中心が変化するにつれて、家族と行為が部屋から部屋に移っていく。親が台所で仕事をしていると、子供たちは台所の床で遊びはじめる。

遊び場でも、遊びの活動が同じように自己増殖する様子を観察することができる。誰かが遊びはじめると、それをきっかけに他の子供が出てきて遊びに加わり、小さなグループがすぐに大きくなる。こうしてプロセスが始まる。

公共の領域でも同じような傾向が見られる。多くの人がいたり、何かが行われていると、いっそう多くの人と出来事がそこに加わる傾向があり、活動が広がりと持続時間の両面で拡大する。

## 一＋一が三以上になる

オランダの建築家F・ファン・クリンゲレンは、ドロンテンとエイントホーフェンの都心部で、さまざまな都市活動を寄せ集め、混合する試みに取り組んできた[11]。彼はその経験から、これらの街における活動全体の水準が、こうした自己増殖プロセスの影響を受けて大きく上昇したと述べている。

ファン・クリンゲレンは、都市活動についての知見を「一＋一が三以上になる」という公式に要約している。

## 前向きのプロセス――何かが起こるから何かが起こる

デンマークの一戸建て住宅地と長屋地区で子供の遊びの様子を調べた研究[28]を見ると、この原則が驚くほどはっきり示されている。長屋地区では、子供の「密度」が延び広がった一戸建て住宅地の二倍になっていた。そして、子供の数が二倍の地区では、遊びの活動水準が四倍になっていた。

何かが起こるから何かが起こり、そこからまた何かが起こる。

人びとは、他の人びとが集まっているところに集まる傾向を持っている。西コペンハーゲンと南メルボルンの住宅地の街路

後向きのプロセス――何も起こらないから何も起こらない

建物のあいだのアクティビティは、自己増殖プロセスである。この点を考えると、多くの新しい住宅団地に生気がなく、人影がまばらな理由も説明がつく。そこでは明らかに、たくさんの物事が起こっている。しかし、人びとと出来事が時間の面でも空間の面でも拡散しすぎているので、個々の活動がいっしょになり、もっと大きく意味のある、人の心に訴えかける出来事の連鎖を生みだす機会はほとんどない。プロセスが後向きになってしまう。

何も起こらないから何も起こらない。

屋外がひどく退屈なので、子供たちは屋内でテレビを見るようになるだろう。眺めるものがほとんどないので、老人たちはベンチに座ることを楽しみに感じなくなる。そして、遊んでいる子供がほとんどおらず、ベンチに腰掛けている人がほとんどおらず、歩いている人がほとんどいなければ、窓から外を眺めることもそう楽しくない。そこには見るべきものがあまりない。

活動が互いに刺激し、もり立てあうことがないと、建物のあいだのアクティビティが目に見えて少なくなる。郊外住宅地では出来事があちこちに分散して起こっており、前述のように、この後向きのプロセスを頻繁に観察することができる。

古い市街地でも建て替えが進み、駐車場、ガソリンスタンド、大きな金融施設

何も起こらないから何も起こらない

などが増え、人と出来事の数が減ってくると、同じような後向きのプロセスが始まる。住民の数が減るので、街路の自然な活動水準、すなわち住民の日常生活と結びついたアクティビティが下がり、街路の環境が悪化する。街路は殺風景な無人地帯の性格を帯びてくる。誰もそこにいたいとは思わない。

生き生きした公共空間が崩れさり、街路がしだいに誰の関心も引かない場所に変わっていく。これは、街路に破壊行為と犯罪をはびこらせる有力な要因になる。

アメリカでは、多くの都市でこうした事態が恐ろしいほど拡大している。この点については、ジェイン・ジェイコブズが『アメリカ大都市の死と生』〔24〕で指摘し、後にオスカー・ニューマンが『まもりやすい住空間』〔40〕のなかで詳しく論じている。ヨーロッパでも、ほとんどの大都市が同じような事態を経験しつつある。

犯罪や不安がいったん問題になると、誰も街路に出ようとしなくなる。無理もないことだ。こうして、悪循環ができあがる。

建物のあいだのアクティビティ——出来事の数と持続時間

建物のあいだのアクティビティ、すなわちある場所で観察される人と出来事は、出来事の数と持続時間の積で表される。前向きのプロセスを育てようとするときには、この点を忘れてはならない。そして重要なのは、人や出来事の数より、むしろ屋外で過ごす時間の長さである。

この関係を示す例を紹介しよう。

三人の人がそれぞれ六〇分ずつ自宅の前にいたとすると、この空間には時間当たり三人の人間が存在している。一方、三〇人の人が六分ずつ自宅の前にいても、活動水準、すなわち彼らが屋外で過ごす時間の合計は変わらない（三〇×六＝一八〇分）。時間当たりにすると、この空間にはやはり平均して三人の人間がいることになる。

実際の活動、すなわち私たちが身をもって感じる建物のあいだのアクティビティも、同じように屋外で過ごす持続時間に左右される。したがって、人や出来事の数だけで、その場所の本当の活動水準を示すことはできない。これは、ある場所の活動水準を高めるには、公共空間を利用する人の数が増えるようにしても、個々の滞留時間が長くなるようにしても、どちらも効果があることを示している。

### 交通の速度が低ければ街が生き生きしてくる

移動の速さが時速六〇キロから六キロに落ちると、個々の人間が視野にとどまる時間が一〇倍になるので、街路上の人の数も一〇倍に見えるだろう。

ドゥブロブニクやベネツィアのような歩行者中心の都市で、活動水準が著しく高いのは主にこのためである。すべての交通の速度が低ければ、それだけの理由で街路にアクティビティが生まれる。車中心の都市では、移動の速さが否応なしに活動水準を低下させるので、これとは正反対のことが起こる。

人びとが徒歩で動きまわっているのか、それとも車で移動しているのか。車を使っている場合には、玄関の扉から駐車場までの距離が五メートルなのか、一〇〇

高速道路と歩行者街路は、どちらも毎分八五人の交通量を持っている。しかし、歩行者街路では多くの人が座ったり立ち止まったりしており、また移動の速度が時速一〇〇キロではなく五キロなので、いつでも高速道路の二〇倍の人が視野のなかにいる

メートルなのか、それとも二〇〇メートルなのか。それによって、人びとの活動と近所の人たちが互いに出会う機会が大きく変わってくる。

交通の速度が低ければ街が生き生きしてくるので、駐車場が玄関から遠くなればなるほど、その地区で起こることが多くなる。


屋外での滞留時間が長くなれば、住宅地と都市空間が生き生きしてくる

公共領域で行われるさまざまな行為の持続時間も、同じように活動の水準に影響を及ぼす。

人びとが公共空間で長い時間を過ごすようになれば、人と出来事の数が少なくても、高い活動水準を生みだすことができる。

住宅地の屋外活動条件が改善され、人びとが屋外で過ごす一日の平均時間が一〇分から二〇分に増えると、その地区の活動水準は倍増するだろう。

ここでは、移動に使われる時間より滞留の持続時間のほうがはるかに大きな影響力を持っている。

交通を車から徒歩に切り替えると、地区内の個々の「移動」の平均時間は、おそらく二分ずつ長くなる。屋外に滞留する時間が一〇分から二〇分に増えれば、その五倍の効果がある。

屋外での滞留時間が長くなれば、住宅地と都市空間が生き生きしてくる。その

コペンハーゲンの街路の冬と夏。夏は、ほとんどの人が街路で長い時間を過ごすので、街路がとても生き生きしている
人びとは、立ち止まり、座り、冬より二〇パーセントもゆっくりしたペースで歩く。一日当たりの歩行者数が同じときでも、夏は滞留時間が長いので、街路には冬の五～一〇倍もの人がいて、街が生き生きしている

効果は交通の速度を落とした場合よりも大きい。

持続時間は出来事の数に匹敵する影響力を持っている。高層アパートのような新しい住宅団地で、実際はたくさんの人が住んでいるのに、活動がわずかしか見られないのは大部分がこのためである。そこには、多数の居住者が出入りしているが、たいていの場合、屋外で長い時間を過ごす機会がほとんど用意されていない。本当に居心地のよい場所もなければ、屋外ですることもない。その結果、屋外にいる時間が短くなり、活動の水準も低くなる。

小さな前庭のある長屋は、住んでいる人はずっと少ないかもしれないが、たいていひとりひとりの住民が屋外ではるかに長い時間を過ごしているので、はるかに多くの活動が家のまわりで行われている。

街路のアクティビティ、人と出来事の数、屋外で過ごす時間、この三者のあいだに見られる関係が、新旧の住宅地で建物のあいだのアクティビティの条件、すなわち屋外空間の滞留条件を改善するうえできわめて重要な鍵を握っている。

# 第三部　集中か分散か——都市計画と敷地計画

# 集中か分散か

**集中か分散か**

すでに述べたように、活動と人間が集中していれば、ひとつひとつの出来事が互いに刺激を与えあうようになる。ある場面に参加した人が、別の出来事を体験し、それに参加することができる。自己増殖プロセスが始まる。

第三部の四つの章では、人と出来事の集中と分散に影響を及ぼすいくつかの計画上の決定事項を取りあげる。計画を進めていくと、集中を目指すべきか分散を目指すべきか、判断を迫られる場面が出てくる。状況しだいで、どちらも同じように妥当な目標にすることができる。これは、その判断の基礎になる考慮点をおおまかに検討したものである。

この本は集中の問題を重視しているが、それは、どのような場合にも集中を図るべきだということではない。それどころか、そうすべきでない場合がたくさんある。たとえば、都市活動は都市のもっと広い地域に均等に配分したほうがよいかもしれない。活気のある空間だけでなく、穏やかで静かな空間が必要だろう。

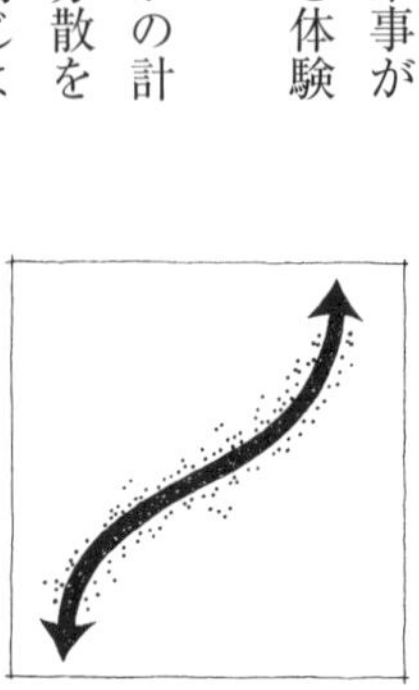

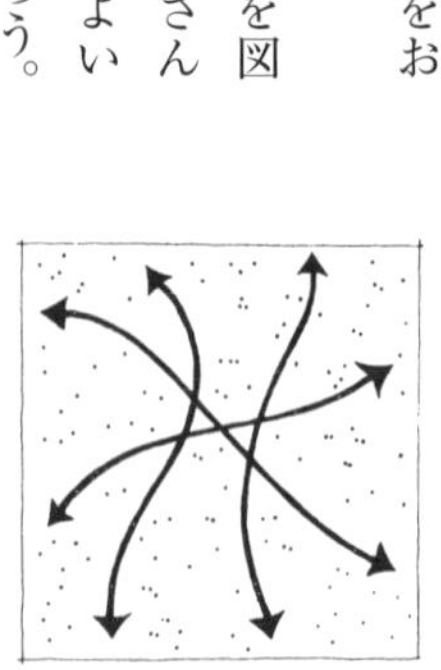

多くの都市で、極端に集中した高層ビルと都市機能と人間がいろいろな点で集中の不利益をはっきり示している。少ないほうが明らかに有利な点もある。

それでも集中の問題を重視するのは、ひとつは、一般に出来事を分散するより集中するほうがはるかに難しいからである。また、社会と計画思想の流れは、新旧どちらの市街地でも人と出来事を分散する強い傾向を育ててきた。これも理由のひとつである。

## 人と出来事の集中

集中させる必要があるのは建物ではなく、人と出来事である。まず、この点を理解しなければならない。容積率や建築密度を調べても、人びとの活動が適切に集中しているかどうか、十分に判断することはできない。

人間の尺度に合わせて建物を設計することが大切である。ある場所から徒歩でどこまで行くことができるか。どれだけのものを見たり、体験することができるか。入り組んだ歩行者路に沿ってたくさんの住宅を配置した「高密低層」の団地で、建築密度が高いからといって、無条件に活動の集中が見られるわけではない。

反対に、通りに面して両側に家並みがつづいているだけの村の通りで、いつも活動がはっきり集中していることがある。歩行者路と屋外活動の場所に対して、建物がどのような位置を占め、玄関がどちらを向いているか。それによって、結

人と出来事をうまく集中させれば、たいてい、コミュニティ活動とプライバシーの条件を同時に改善することができる。
右／住宅の片側には街路があり、反対側には自然の森が広がっている（ベルンのハーレン団地、スイス）

びつきが大きく左右される。

たいていの人にとって、徒歩で出かける一回の平均行動半径は四〇〇～五〇〇メートルに限られている。また、他の人びとや出来事の経過を見ることができるのは、対象によって幅があるが、二〇～一〇〇メートルの距離が限度である。実際には、これらの事実が集中の必要性を大きく高めている。

家にいながら、あるいは〇・五キロ以上歩かずに、他の人びとや出来事を見ることができる。主な施設に歩いていくことができる。これらを実現するには、細心の注意を払って活動と機能を集中させる必要がある。ちょっとした機能が場所を取りすぎただけで、またわずかに距離が長すぎただけで、豊かになるはずの体験がだいなしにされてしまう。

ともかく、建物の外観や歩行者路の一歩一歩に細心の注意を払うことが何より大切である。

大規模、中規模、小規模

人と活動の集中、分散の問題は、広い計画視野のなかで検討しなければならない。都市計画や地域計画のような大きな規模での決定、敷地計画のような中程度の規模での決定、そして小さな規模での決定。これらは密接に結びついている。第一の計画段階で下される決定を通じて、公共空間がきちんと役立ち、よく利用されるための前提条件をつくりだすことができなければ、小さな規模で有効な計画を進めるのはむずかしい。私たちが各計画段階で下された決定の結果に直面し、それを評価することができるのは、いつでも小さな規模、つまり身近な環境の場においてである。したがって、この相互関係は重要な意味を持っている。街や住宅団地の質を高めるには、身近な小さな規模で成果を勝ちとらなければならない。しかし、この段階で成功を収めるためには、すべての計画段階で準備を整える必要がある。

## 集中か分散か——大きな規模で

大きな規模、たとえば都市計画では自動車を主な交通手段にし、機能を分離した都市構造をつくり、住宅、公共サービス、工業、商業機能を大きな地域ごとに分離して配置すれば、人と出来事を効率よく分散させることができる。人と出来事の分散は、世界中のほとんどすべての郊外住宅地に共通してみられる現象である。そして、とめどなく拡大した都市ロサンゼルスでは、それがこのうえなく徹底した厄介な状態を生みだしている。

これと対照的なのは、人と出来事がいつもはっきりしたパターンをとって集中している都市構造である。そこでは、公共空間が街のもっとも重要な要素になっており、あらゆる機能が街路に面して有効に配置されている。このような都市構造は、古い街ならほとんどどこででも見ることができる。また最近では、ヨーロッパの各都市の新しい住宅地に再び定着しつつある。スウェーデンでストックホルムの南に建設されたニュータウン、スカルプネク[46]は、こうした大変興味深い開発の例である（一二七頁参照）。そこでは街路と広場が再び主要な要素になり、すべての機能がそのまわりに配置されている。

### 集中か分散か——中程度の規模で

中程度の規模、たとえば敷地計画では建物を互いに遠く離して配置し、住宅や玄関が向かいあわないようにすれば、人と活動を分散させることができる。これは、普通の一戸建て住宅地や、機能主義にもとづいた平行配置の住宅団地に共通してみられる形式である。どちらの場合も、歩道と通路がひどく長く、空地が必要以上に大きくなり、その結果、屋外活動がまばらになっている。

反対に、公共空間のシステムができるだけ緊密なまとまりを持つように、また歩行者の移動距離と距離感ができるだけ短くなるように建物と機能を配置すれば、人と活動を集中させることができる。この原則は、一九三〇年以前につくられたほとんどすべての地区と、最近増加しつつある意欲的な住宅団地に見ることができる。また、そのもっとも簡潔でみごとな形は、すべての建物がひとつの広場のまわりに集中しているような小さな町に見ることができる。

## 広場の町

ローマのすぐ東にあるサンビットリーノ・ロマーノとチェコスロバキアのテルツの町は、こうした建築形態をもつ古い例である。これによく似た現代の例としては、最近のクラスター型の住宅団地やスカンジナビアのいくつかのコープ住宅団地をあげることができる。

このような構成原理は、未開部族の集落から現代のキャンプ地まで、いつの時代にも見ることができる。そこでは、建物、玄関、テントなどがひとつの公共空間のまわりに集まり、テーブルを囲む友人のように互いに向きあっている。

広場に面した建物群の特徴は、住民の数が限られている点である。活動の集中がよく見えるためには、広場の規模が大きすぎてはならない。広場の規模を抑えると、人口が多くなったとき、全員が広場のまわりに住むのが不可能になる。

## 街路の町

この場合には、人の歩行距離に限界があり、感覚器官に正面性と水平性が強く備わっていることから、当然の結果として、低い建物が街路に沿って並ぶ形態が無理のない構成になる。街路沿いに活動が集中していれば、少し歩くだけで、誰もがそこで行われていることに参加することができる。

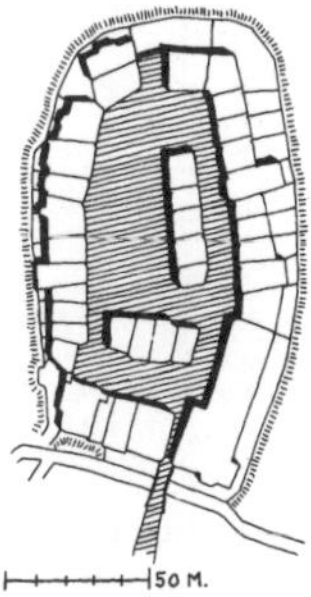

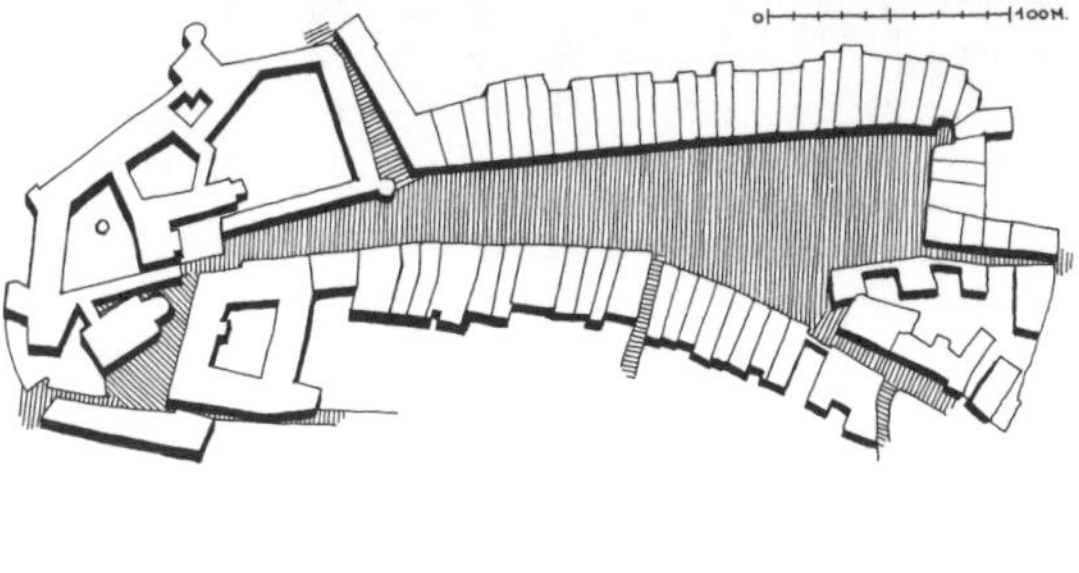


広場の町

上／サンビットリーノ・ロマーノの俯瞰写真と平面図
中および下／テルッの街並みと平面図

この構成原理のもっとも単純な形は、一本の街路のまわりに建てられた町に見ることができる。大通りに沿った昔ながらの村のことは前にも述べた。この原理にもとづいて建てられた最近の町の例は、スウェーデンの建築家ペーター・ブローベリが設計したエスレブのゴールドソクラである[13]。ゴールドソクラでは、住宅、玄関、学校、公共の建物、商店、オフィスがすべて一本の街路沿いに集められている。ここでは、線状の構造をつくりだす原理を採用することによって、街路をガラス屋根で覆い、一年を通じて天候から保護することが可能になった。街路に面した簡潔な敷地構成は、スカンジナビアの最近の住宅地でも採用されている。そこでは、住宅の並ぶ街路がそのまま「町」になっている。

## 街路と広場の都市

大きな住宅地には、もっと多くの街路と広場が必要であり、古い街のように、大通り、横町、中央広場、地区広場などを含み、構造にも分化が生じてくる。

郊外住宅地や機能主義の住宅団地でも、ときどきこの原理を見かけることがある。しかし一般に、それはひどく薄められ、拡散しており、「街路」が道路になり、「広場」が人影のない巨大で空虚な漠然とした場所になっていることが多い。そこでは、規模があまりに大きく、道が不必要に広く長いので、個々の活動が時間と空間のなかにまき散らされてしまっている。居心地がよく頻繁に利用される

左上／街路の町（アルニス、北ドイツ）
左中および下／街路の町。すべての住戸が、ガラス屋根をもつ街路に沿って配置されている（ゴールドソクラ、スウェーデン、一九八〇～八二年。設計＝ペーター・ブローベリ）

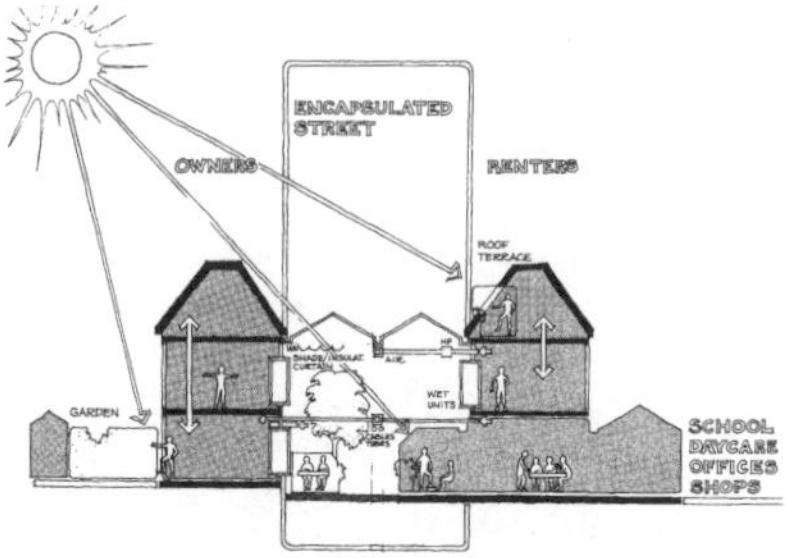
ENCAPSULATED
STREET
OWNERS
RENTERS
ROOF
TERRACE
HP
AIR
WET
UNITS
GARDEN
SCHOOL
DAYCARE
OFFICES
SHOPS

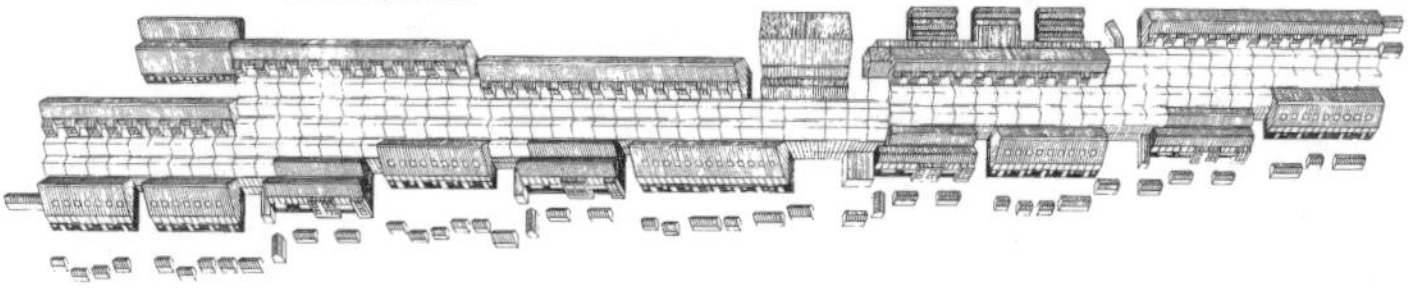

公共空間ができないのは、歩行者や住民が少ないからではなく、古い街のように密度の高い街路網をつくらず、たくさんの道路と歩道を分散させているからである。

人間の居住の歴史を通じて、街路と広場はいつもそれを中心に都市がつくられる基本要素だった。歴史を振り返ると、街路と広場は、多くの人びとにとって「都市」という現象の本質そのものだったことがわかる。街路は、線状の人の動きに基礎を置き、広場は、面を見渡す目の特性に基礎を置いている。最近では、この明快な関係が再び理解され、街路と広場が合理的に利用されるようになってきた。レオン・クリエのプロジェクトと理論研究[29・30・31]、ベルリンに建設されたロブ・クリエの新街区[34]、オランダのアルメレ・ニュータウン、ヘルシンキのスカトゥッデンやストックホルム近郊のスカルプネク・ニュータウンのようなスカンジナビアの新都市[46]。これらの興味深い例は、街路と広場を中心に街をつくるという証明ずみの原理が復活してきたことを示している。

## 集中か分散か——小さな規模で

小さな規模、すなわち屋外空間とそのまわりの建物外観の設計では、建物のあいだのアクティビティをつくりだし維持するように、それに関わる要素を細かく注意深く計画しなければならない。個々の機能と活動はそれぞれの事例に即して

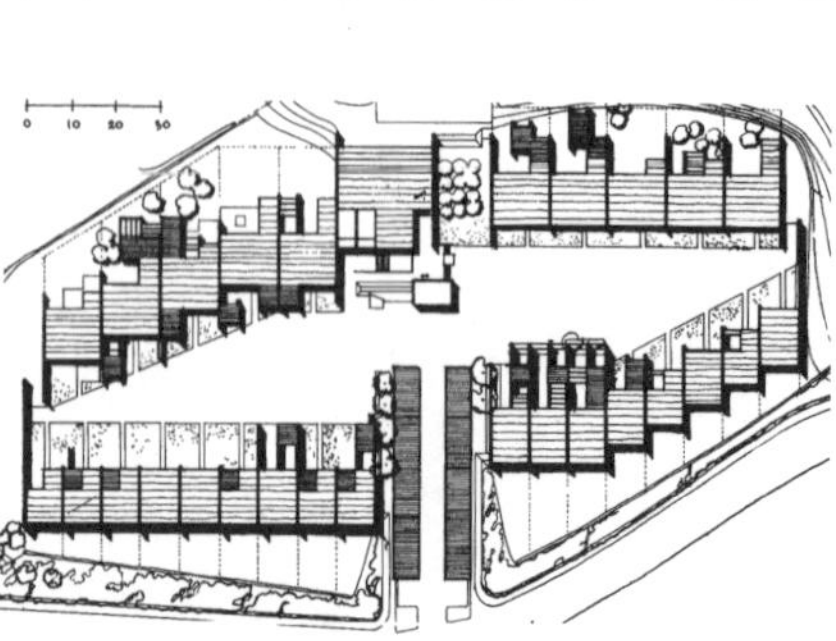

コミュニティ生活の重視が、住宅団地の配置計画に反映されている。コペンハーゲン北部のコープ住宅団地、セトダーメン（一九七〇年）[48]（設計＝T・ベーア、P・デュルボー）

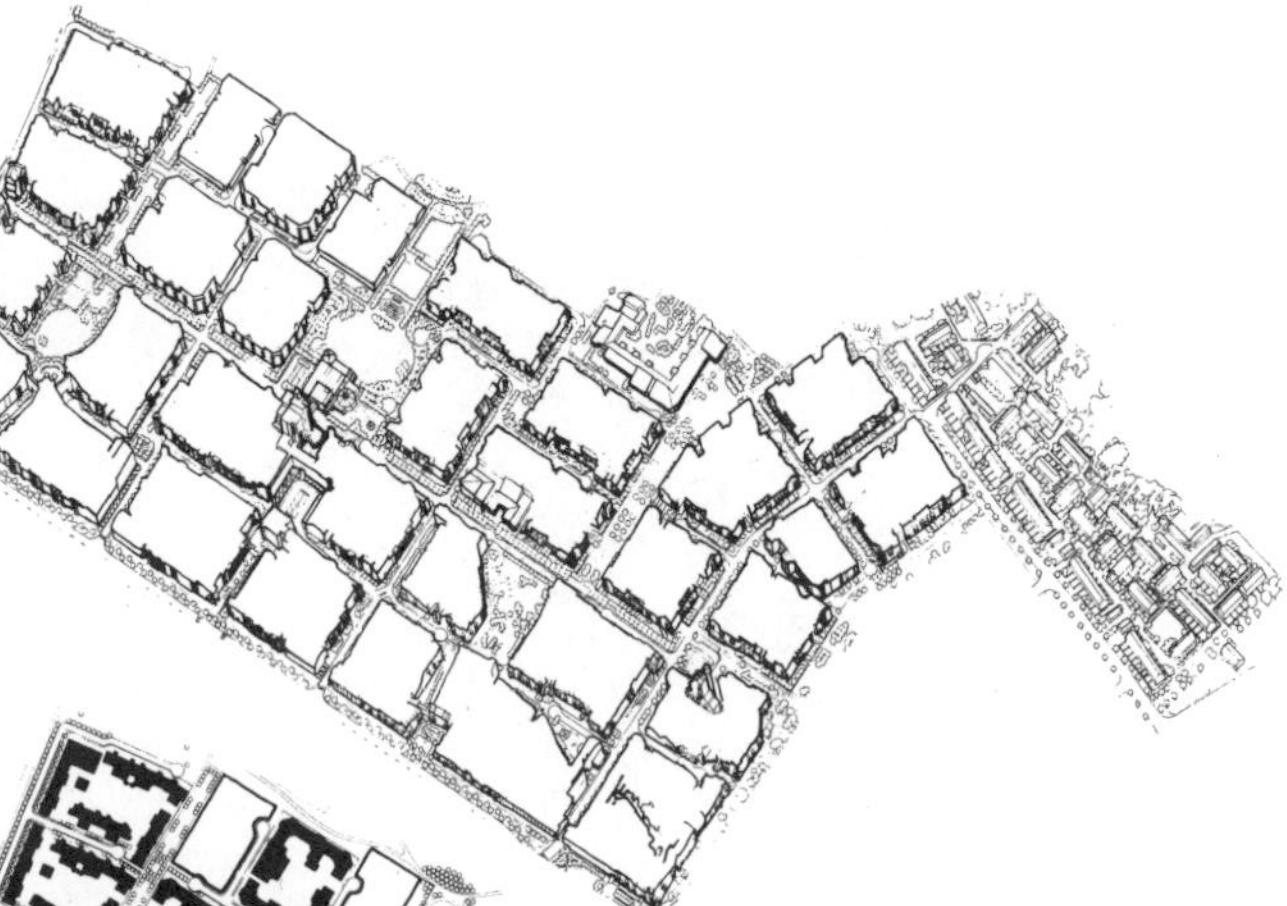

街路と広場の都市──スカルプネク。スウェーデン、ストックホルム南郊のスカルプネク（一九八二〜八八年建設）は、公共と民間双方の住宅を含む人口一万のニュータウンである。街路沿いのスペースには、オフィス、仕事場、コミュニティ施設が置かれている（ストックホルム都市計画局。設計＝レイフ・ブロムキスト、エバ・ヘンストレム）
上および中／概念図と敷地図（縮尺＝一万二五〇〇分の一）
下／スカルプネクの中央街路

評価を下し、人を引きつける価値に応じて、また屋外空間の役割に対する重要度に応じて、街路沿いに配置する必要がある。一人の人間の行動半径には限界があり、知覚範囲も限られているので、わずかな長さの街路や建物外観、ほんの小さな空間のデザインがこのうえない重要性を持っている。

## 集中か分散か――空間面で

小さな規模では、わずかな人とわずかな活動に必要以上に大きな場所を用意すれば、空間に活動を分散させることになる。中程度の住宅団地では、幅が二〇～四〇メートルの歩行者路や、長さと幅が四〇～六〇メートルの広場を用意すれば、分散を引き起こすことになる。このような空間では、こちら側とあちら側の人を隔てる距離が大きくなるだけでなく、そこを歩いている人にとって、両側で起こっていることを同時に体験することが実質的に不可能になる。

反対に、街路と広場の大きさをその空間を利用する人たちの感覚と数に合わせれば、出来事を集中させることができる。

市場の屋台やデパートの商品陳列台は、たいてい二～三メートルの間隔で置かれている。これは、人が通りやすく、両側で支障なく売り買いができ、しかも両側の商品がはっきり見える距離である。ベネツィアの街路は、平均三メートル強の幅を持っている。この寸法だと一分間に四〇～五〇人の歩行者がゆったり通行

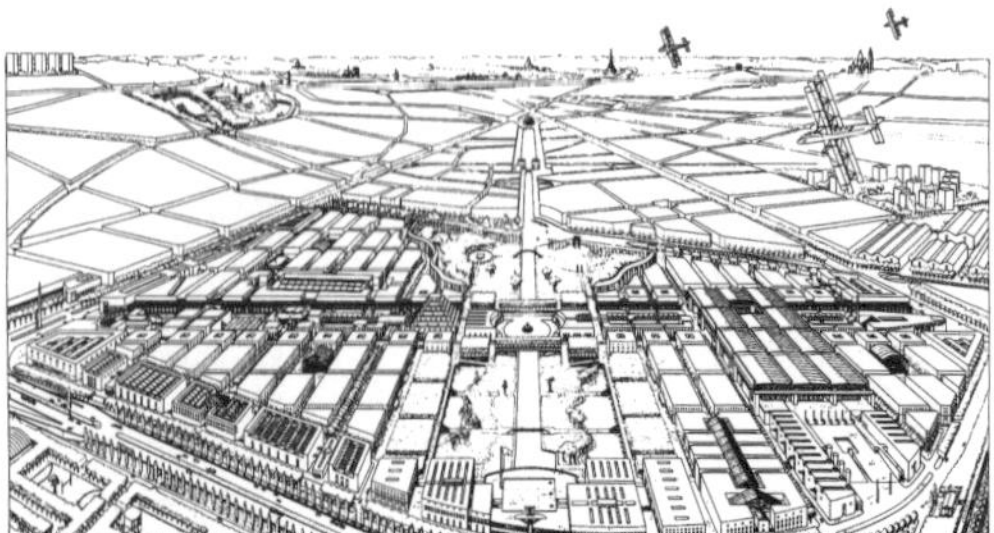

最近のヨーロッパの都市計画思想には、散漫な郊外住宅地を否定し、街路と広場によって構成される緊密な都市パターンを目指すはっきりした傾向が認められる（パリ、ラ・ビレットのコンペ応募案、一九七六年、設計＝レオン・クリエ［30］）

集中か分散か——空間面で

一般に、古い街の空間の大きさは、人間の感覚器官やその空間を利用する人の数とよく調和している。新しく建てられた住宅地では、空間の寸法がそのように注意深く扱われていることはめったにない。しかし、この一般法則にあてはまらない例もいくつか見られる

上／オンタリオ州トロントの郊外住宅地に見られる幅二四メートルの街路。この空間は、家々のあいだに越えがたい空白をつくりだしているように見える

中／オランダ、マルケン島

左／ベネツィアの街路の平均幅員は三メートルである。この幅だと、一分間に四〇～五〇人の歩行者が通行することができる

することができる。

規模を小さくすることによって、体験の濃度も高めることができる。この点からも、空間の大きさを注意深く決めることが大切である。たいていの場合、小さな空間にいるほうが楽しい。そこでは、全体と細部の両方を見ることができ、二つの世界のよい点をとることができる。

ベネツィアや狭い街路をもった他の場所を必ずしも新しい街路の直接の模範にすべきだということではない。しかし、これらの例は、現代都市の多くの空間がいかにも大きすぎることをはっきり示している。それは、まるで計画家と建築家が小さな寸法と小さな空間を正しく扱う自信がないので、迷ったときには、万一に備えて余分な空間を挿入する癖を持っているかのようだ。迷ったときには少し空間を削りなさい。

シンガポールの路上市場。世界中どこに行っても、市場の屋台の間隔は二〜三メートルである

## 大きな空間のなかの小さな空間

北ヨーロッパの国々では、屋外空間の大きさを決めるときに、気候のせいで困った問題が起こる。高い建物に囲まれた小さな空間は、一方で暗く日の当たらない空間を意味する。南ヨーロッパでは日影と柔らかな光が快適であり、道理にかなっているが、北国では採光と日照がどちらもきわめて貴重である。しかし、採光と日照に対する要求と、人びとが集まりやすい程よい大きさの空間を両立させるこ

とは不可能ではない。建物を階段状にするのも一案である。もうひとつの方法は、大きな空間のなかに小さな空間をつくることである。並木のある街路空間は、大きな空間のなかの小さな空間が有意義なことを示している。同じように、テラスハウスの前に庭をとることによって、幅の広い日当たりのよい空間と程よく狭い親しみやすい空間を両立させることができる。

上／並木が広々とした風景に親密なスケールを与えている

下／バルセロナのラスランブラスでは、街路樹とキオスクが広い街路空間のなかに魅力的な歩行者空間をつくり出している

### 集中か分散か――建物に沿って

建物の外観や足まわりのデザインも、活動を集中させ、歩道を通行する人たちの体験を濃度の高いものにする力を持っている。街路と建物のあいだの交流ゾーンが生き生きして引きしまっているとき、また建物の入口とさまざまな機能が短い距離で結ばれているときには、活動の集中が起こる。それらは、公共の環境に活気を与える役割を果たす。

壁が長く、入口が少なく、人の出入りがわずかしかない大きな建物は、出来事を分散させる力を持っている。したがって、ひとつの建物の幅を狭しくし、扉をたくさん設けることが大切である。

### 集中か分散か――都心の街路で

都心の街路で活動を分散させず、集中させようとするならば、大きな建物、商社、銀行、オフィスは、入口だけを公共の場所に面して開くようにすべきだろう。大きな構成単位が小さな生き生きした単位を追い出すようになると、街路のアクティビティが大幅に低下する。ガソリンスタンド、自動車展示場、駐車場が街の組織に穴をあけると、街路のアクティビティが急速にしぼんでしまう。オフィスや銀行のような不活発な構成単位がまぎれ込んできても、同じことが起きる。私たちは多くの場所でその実例を見ることができる。

狭い間口とたくさんの扉が出来事を集中させるための原則である（アムステルダムのジャワ島、オランダ）

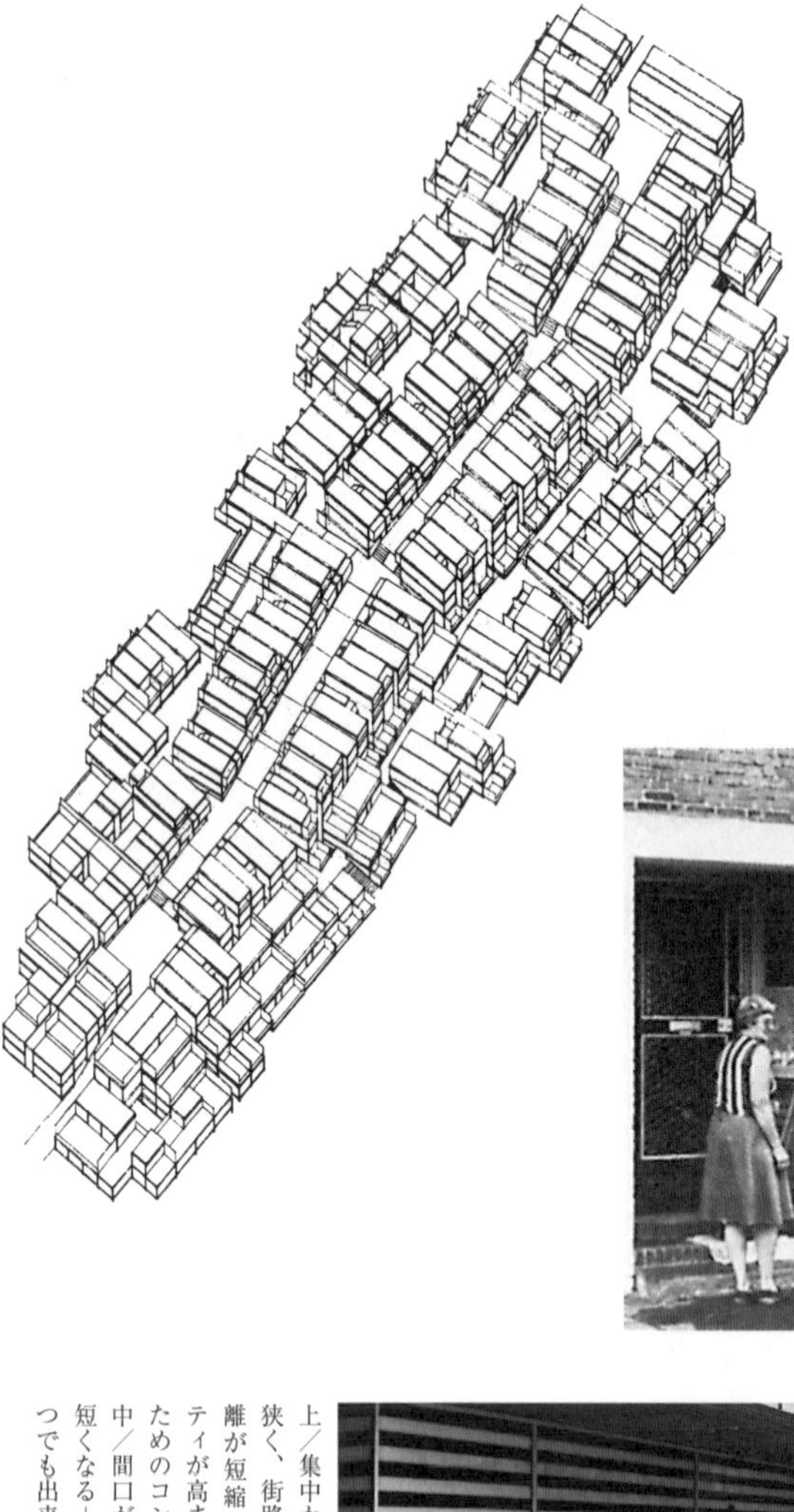

上／集中か分散か——建物の間口が狭く、街路の長さが短いと、歩行距離が短縮され、街路のアクティビティが高まる（レーロス拡張計画のためのコンペ応募案、ノルウェイ）
中／間口が狭ければ、戸口の間隔が短くなる——戸口では、ほとんどいつでも出来事が起こっている

反対に、穴をあけないように配慮した注意深い計画もある。そのような例では、街路沿いには小さな構成単位が並び、その背後や上に大きな単位が置かれている。街路に面した空間を占めているのは、さまざまな機能の入口と人びとの興味を強くひく活動だけである。この原則は、たとえば映画館に見ることができる。そこでは、街路に面したところには入場券売り場と広告を掲げた入口だけがあり、劇場の本体はどこか後ろにうまく隠されている。都心の街路に銀行やオフィスを配置しなければならないときには、この解決法を手本にすべきである。

街路沿いの建物が生気のない退屈なものになるのを防ぐために、デンマークの多くの都市では、建築条例で街路に面した一階に銀行とオフィスをつくることを規制している。デンマークの別の都市では、都心の街路に銀行とオフィスを建てるとき、街路に面した間口が五メートル以下ならば認めることにして大きな成果をあげている。

郊外の新しいショッピングモールでは、どこでも、街路に面した個々の店の間口をできるだけ狭くしている。これも不思議なことではない。たいていの歩行者は、長い距離を歩きたがらない。ショッピングモールの設計者は、この点を考え、街路の長さをできるだけ抑えながら、そこにできるだけ多くの店を収容するために、間口を狭くする。

敷地の間口を狭く、奥行きを深くし、街路に面した空間を注意深く利用すべき

都市の街路では、間口の寸法を注意深く扱わねばならない。世界各地の商店街でよく見られるのは、一〇〇メートル当たり一五〜二五軒のリズムである（ストックホルム旧市街の街路、スウェーデン）

である。この原則に従えば、建物が歩道や歩行者路に面しているところに「穴」や「隙間」ができるのを防ぐことができる。この原則は住宅地にもあてはまる。古いテラスハウスの団地には、この種の敷地計画のよい例がたくさんある。また、新しい例としては、スイスのベルン近郊のハーレン団地（一一八頁の写真参照）や、アムステルダムの港湾地区に最近建設されたジャワ島とボルネオ・スポーレンブルグ島の住宅地などがある。

## 同じ高さに集中させるか、複数の高さに分散させるか

出来事の集中と分散については、これまで述べてきた選択肢のほかに高さの問題、すなわち同じ高さか複数の高さかという問題がある。

この問題はきわめて単純である。同じ高さで行われている活動は、感覚器官の及ぶ範囲にあれば、たとえば目で見るためには半径二〇〜一〇〇メートルの範囲にあれば、はっきり体験することができる。この場合には活動のあいだを容易に動きまわることができる。少し高いところで何かが起こっていると、それだけでその出来事を体験する可能性が大幅に低くなる。木に登るのは、いつでも身を隠すうまい方法である。

低いところで何かが起こっているときは、問題が少し複雑になる。その場合には、高い位置から全体をよく見渡すことができるが、参加と交流を行うのは物理

左上／イギリス、コベントリーの都市センター。ほとんどの歩行者は地上しか利用していない
左中／低い建物が並ぶ街路では、視野のなかのすべてのものがよく見える
左／高層の建物が並ぶ地区の場合、視野に入るのは一階だけである

SPAR

Dを見上げる

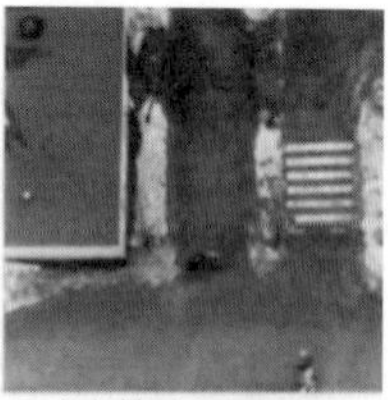

Dから見下ろす

Cを見上げる

Cから見下ろす

Bを見上げる

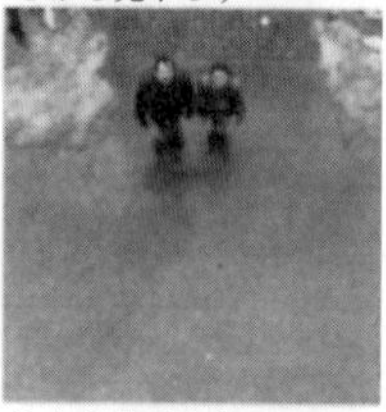

Bから見下ろす

Aを見上げる

Aから見下ろす

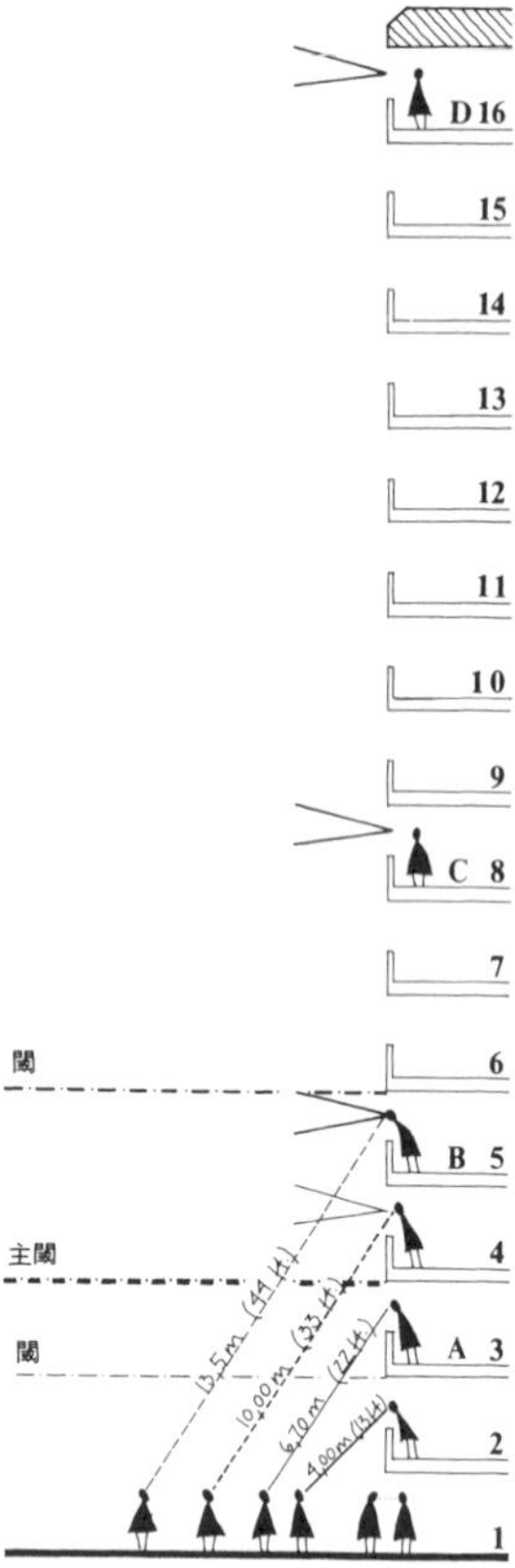


同じ高さに集中させるか、複数の高さに分散させるか

高層の建物で、地上の出来事と密接なふれあいを保つことができるのは二、三階までである。

三階と四階では、地上との交流の可能性に大きな差が認められる。五階と六階のあいだにも、もうひとつの閾（知覚の境界）がある。六階より上の物や人は、地上の出来事との接触を完全に絶たれる的にも心理的にもむずかしい。公共空間を高いところにつくると、どのような影響があるか。この点は、ウィリアム・H・ホワイトがニューヨーク市で行った研究にはっきり示されている[51]。「視線が大切である。見えない空間は使われない」。また彼は、低く掘りさげられた空間についてこう書いている。「よほど強い

上／街路沿いの低い建物は、人びとの動きや感覚と調和している。高層の建物はそうではない（シンガポールの街路風景）

右／複数の高さへの分散（ロサンゼルスの街路風景）

理由が無ければ、オープンスペースを掘りさげるべきでない。一、二、三の注目すべき例外を除いて、掘りさげられた広場は活気のない空間になっている」。

したがって、活動を複数の高さに積み重ねて集中させようとするのは、原則として誤った考えである。展望台を高い場所に置くことはできるが、そこに活動を集中させることはできない。この点に注意を払わないと、往々にして期待はずれの結果を招く。高さを三メートルずらして機能を配置しただけで、街路に沿って五〇〜一〇〇メートル離したよりも、はるかに機能間の相互関係が生まれにくくなる。

これらの経験は、低層と高層の議論にもあてはまる。街路に沿った低層の建物は、人の動きや感覚の働きとよく調和している。これに対して、高層の建物にはそれがない。

同じ高さの集中か、複数の高さの分散か──「地下都市」と「空中歩廊」

密度の高い街路網をつくらず、同じような通路をたくさんつくると、人と出来事が分散され、好ましくない結果を招く。この点はすでに指摘した。広い地下街やいろいろな形の「空中歩廊」がつくられているところ、また連絡通路が幾層にも重ねられているところでは、同じような好ましくない分散が見られる。空中歩廊は、都心にも住宅地にもつくられているが、一般にどちらの場合も疑問の多い

空中歩廊やバルコニー通路は人と出来事を分散させるが、階段は住民を街路に集める
左／エディンバラの住宅団地、スコットランド
左頁／モントリオールの住宅地、ケベック州

手法である。

出来事と人を集中させようとするのであれば、たとえばカナダのモントリオールで三階建ての住宅地に見られるような解決法がすぐれている。そこでは、すべての活動と人間がバルコニーと階段を伝って同じ高さに集まってくる。また、それぞれの家のすぐ前に屋外で時間を過ごすための居心地のよい場所が用意され、街路に面した建物の外観が生き生きした魅力を持っている。

## 統合か隔離か

### 接触「面」

統合とは、さまざまな活動とさまざまな人がいっしょに、またはすぐ近くで目的を果たせることを意味する。隔離とは、種類の違う機能とグループが互いに切り離されていることを意味する。

公共空間のなかや周辺でさまざまな活動と機能を統合すれば、それに参加する人たちはいっしょに行動し、互いに刺激と活気を与えあうことができる。また、さまざまな機能と人を混合すると、身のまわりの社会の構成と仕組みをよく理解することができる。

接触面が単調になるか興味深いものになるか、それを左右するのは建物と主要な都市機能の形のうえでの統合ではない。この問題でも、さまざまな出来事と人をごく小さな規模で実際に統合することが大きな力を持つ。重要なのは、建築家が図面のうえで、工場、住宅、サービス機能などを密集させて描くことではない。別々の建物に働き住んでいる人びとが同じ公共空間を使い、日常活動のなかで出

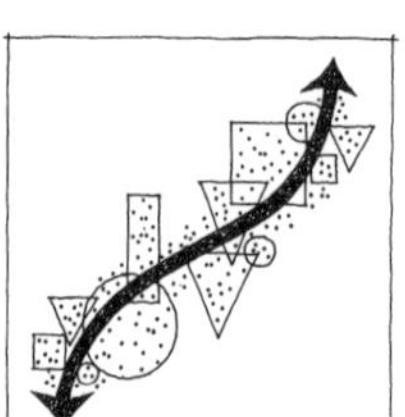

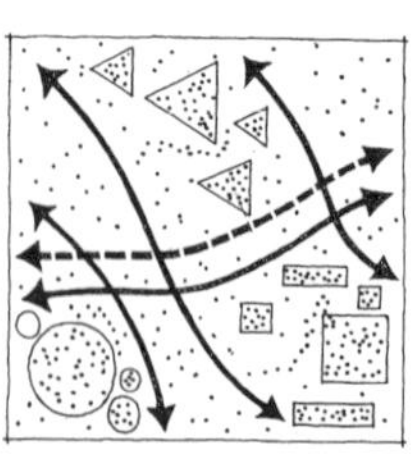

会うことができるかどうか。それが鍵を握っている。

## 統合と隔離の計画見本

物的な計画によって、人と出来事の混合と分離はどのような影響を受けるのか。緊密に織りあげられた活動パターンを持つこじんまりした中世都市と、高度に特殊化された機能主義の都市を比べると、それがよくわかる。

古い中世都市では、歩行者交通が都市の構造を決めていた。そこでは、商人と職人、金持ちと貧乏人、若者と老人が、否応なしに肩を接して暮らし働いていた。こうした都市は、統合型の都市構造の長所と短所をはっきり示している。

同じように、異なる機能の分離を目標にした機能主義の都市構造は、隔離型の計画の例を示している。それが生みだしたのは、単一機能の地区に分割された都市であった。

均一なグループが住んでいる、どこまでもつづく大きな住宅地。生気のない単調な工場地帯。研究所団地、大学都市、高齢者村など、単一の機能やグループを中心につくられた画一的な擬似都市。これらは、どれもこうした単一機能地区の事例である。

これらの地区では、単一のグループ、単一の職業、単一の社会集団や年齢集団が、程度の差はあっても社会の他のグループから孤立している。

その長所は、おそらく計画のプロセスが合理的であり、同一の機能のあいだの距離を短くすることができ、効率を上げることができる点にあった。しかし、その代償に、まわりの社会とのふれあいが減り、環境が貧しく単調になった。

これらの計画見本に代わるものは、もっと緻密な視点をもった計画方針である。そこでは、ひとつひとつの機能について社会関係と実際の利点が詳しく吟味され、統合の利点よりも不利益のほうが明らかに大きいときにだけ分離が認められる。たとえば、ひどい騒音を出すごく少数の工業活動だけが、住宅との統合には向いていないと判断される。

## 統合——大きな規模で

大きな規模では、互いに対立したり妨げになったりしない機能は、すべて混合する方針を貫くことができる。

統合型の都市計画では、これを実現するために、都市を機能に分割するのではなく、成長の方向や拡張すべき地区についてその時期を定める方法を採用する。つまり、住宅地域、工業地域、公共サービス地域を指定する代わりに、二〇〇五～二〇一〇年、二〇一〇～二〇一五年に成長すべき地域を指定するわけである。

統合——街のなかの大学

## 都市は大学である——そして大学は都市である

統合型の都市では、大きな機能をたくさんの小さな単位に分解し、それを街の文脈のなかにはめ込むこともできる。たとえば、都市計画にとって新しい大学の建設は、手ごろな大きさの多数の住宅と業務を統合された都市構造のなかに組み込み、住宅と業務を備えた大学都市をつくる好機になる。新しい単一機能地区の隣に古い統一的な都市構造が残っている状態は、二つの計画原理を検討するよい事例を提供してくれる。

コペンハーゲン大学は、いまでも大半の施設が旧市街地の中央にある。そこでは、本部の建物を中心に大学院、学部、学科が、増設のたびに敷地を求めながら多くの場所に分散して街中に広がっている。都市の街路は大学の一部であり、廊下の役目を果たしている。

大学が街中に分散していると、運営組織の面では明らかに不利な点が少なくない。しかし、関係者にとっては、街との身近な接触が街を利用し、そのアクティビティに参加する無数の可能性を生みだしている。また、街にとっては、大学の存在が活力と生活と活動の面で貴重な役割を果たしている。

これと正反対なのが、「合理的」に計画された高等教育機関、たとえばコペンハーゲン郊外のデンマーク工科大学のような大学キャンパスである。この種の計画のもとでは、教育が体系化され、学科間の連絡路も合理的に組織されている。

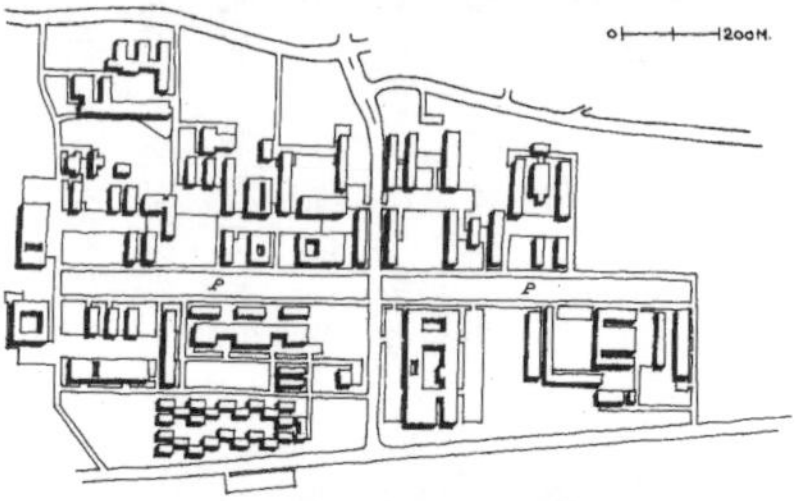


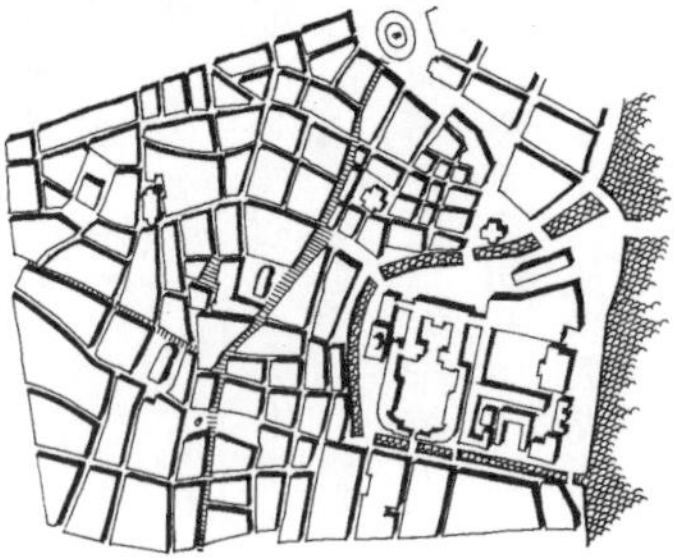

デンマーク工科大学キャンパス、コペンハーゲン。中央の駐車場を囲んで配置されている。
キャンパス平面図(上)とコペンハーゲンの中心市街地図（下）

しかし、その「街」にはほとんど活動が見られない。そこには、多くの活動を生みだす基盤がない。そこには食堂と売店しかなく、それを利用するのは一種類の人間、つまり学生と教職員だけである。

この一面的で細分化された環境のもとでは、学習環境と一般社会との日常の結びつきが断ち切られている。一面的で細分化された専門技術者を養成するには、またとない条件と言えるかもしれない。

## 統合——小さな規模で

いろいろな種類の人と活動を統合するには、ひとつの機能だけで地区を構成してはならない。可能性を取り戻すうえでは、中程度の規模やごく小さな規模で行われる計画と設計が決定的な役割を果たす。

たとえば、住宅地のまんなかに学校を置いても、柵、塀、芝生で隔離すれば、まわりとの関係が断ち切られてしまう。しかし、設計しだいでは学校を住宅地としっかり統合することもできる。たとえば、街の公共街路に沿って教室を配置すれば、街路は廊下や遊び場の役目を果たすだろう。広場の喫茶店は、学校の食堂を兼ねるだろう。こうして、街が教育の一翼を担うようになる。同じように、商業やその他の都市機能を街路と広場に配置すれば、さまざまな機能や人間集団のあいだの境界が取り払われる。それぞれの活動に、他の活動といっしょになる機

統合——小さな規模で

左頁上／孤立した単一機能地区ではなく、街をつくる計画が行われていれば、この写真に見られる三つの都市機能が一体になり、生き生きとした街の基礎ができただろう。左上に人口七〇〇〇人の高層住宅団地、左下にデンマーク国営放送局、右下に教員養成学校が見える

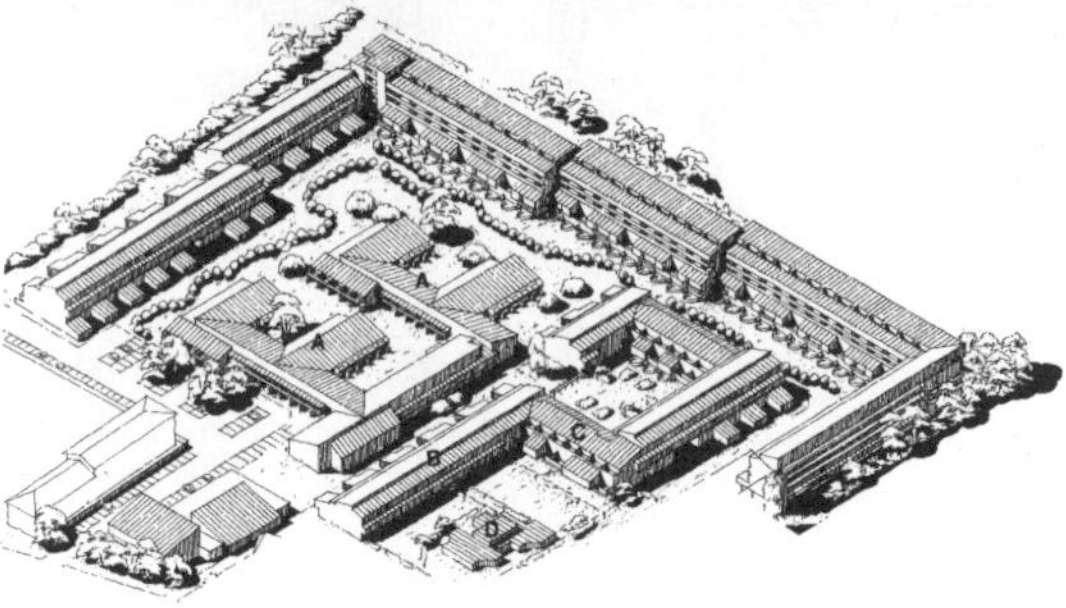

幅広い年齢層を統合した新しい住宅地。高齢者の住宅とサービスセンター（A）、保育所、幼稚園、青少年施設（B・C・D）を囲んで、四〇〇戸のフラットとメゾネットが配置されている（コペンハーゲンの都市再開発地区、ソルビェル・ハーウ、一九七八〜八一年、設計＝共同設計室）

会が生まれる。

建築家F・ファン・クリンゲレンがオランダのドロンテンとエイントホーフェンに建てた市民センター〔11〕は、この計画原理とその可能性をはっきり示している。

この市民センターは屋根つきの広場であり、競技設備、映写幕、観客席、椅子などが用意されており、いろいろな用途に使うことができる。広場の機能は、事実上、昔ながらの広場のそれとまったく同じである。

広場では、商売、フットボール、政治集会、宗教行事、演奏会、演劇、パフォーマンス、街頭カフェ、展覧会、遊び、ダンスが共存することができる。その結果、この街ではオランダ国内の同じような都市に比べて、住民の各種の活動への参加が全体として大幅に増加した。

近ごろ、一九六〇年代に建てられた単調な高層住宅団地を改善する計画が各地で進められている。統合は、そこでも重要なキーワードになっている。

スウェーデンで行われたこの種の再生計画では、地区の多様性を高めるために住宅の一部を改造し、軽工業、オフィス、高齢者住宅を収容している。

この統合策は、大変好ましい結果を生んでいる。

上／ベネツィアのように、すべての交通が徒歩で行われていれば、交通と他の都市活動を分離する必要は生じてこない
右下および左／各種の交通手段を分離すると、退屈な通路と道路の体系が生みだされる

## 民間が手本になる

住宅の居間は、もっと大きな規模で活動を統合するさいの手本になる。居間では家族全員が集まり、各自が好きなことをしていても、それぞれの活動と人間のあいだに結びつきが保たれている。

## 交通の統合と隔離

人と物がある場所から別の場所に移動する交通は、公共領域で行われるあらゆる活動のなかで、もっとも幅広い内容を含んでいる。

交通が歩行者と自動車に分かれている普通の街路では、人と活動が著しく拡散し、分離されている。道路体系の機能分化が進み、交通の種類に応じて独自の路線が用意されているところでは、移動する人びとがさらに分散し、分離が徹底する。そこでは、移動している人の多くが他の都市活動から隔離されているので、車を運転しても歩いても、道路や街路沿いに住んでも、いっこうに楽しくない。

街路体系の機能分化を進める代わりに、車と他の高速交通手段の使い方を変えることが考えられる。

たとえば、公共輸送と歩行者と自転車の体系を組み合わせた交通網をつくり、個人の移動の主力を車からこの交通網に切り換えることができるだろう。

徒歩交通しかない都市を見ると、街のアクティビティにとって統合された交通

左頁／四種類の交通計画

### ロサンゼルス

高速交通の条件に合わせた交通の統合。安全度の低い直線的で単純な交通体系。この街路を使いこなすことができるのは自動車交通だけである。

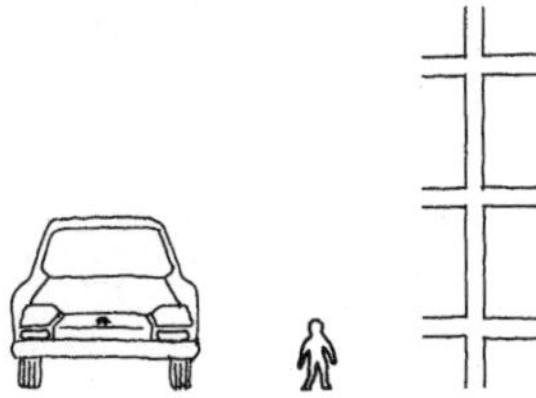

### ラドバーン

一九二八年にニュージャージー州ラドバーンで導入された交通分離システム。並走するたくさんの道路と通路、たくさんの高価な立体交差を使った複雑で費用のかかるシステム。この原理は、理論上は交通の安全を改善するはずだが、住宅地調査の結果、歩行者が安全で長い経路より短い経路を選ぶため、実際にはあまり役に立っていないことが分かった。

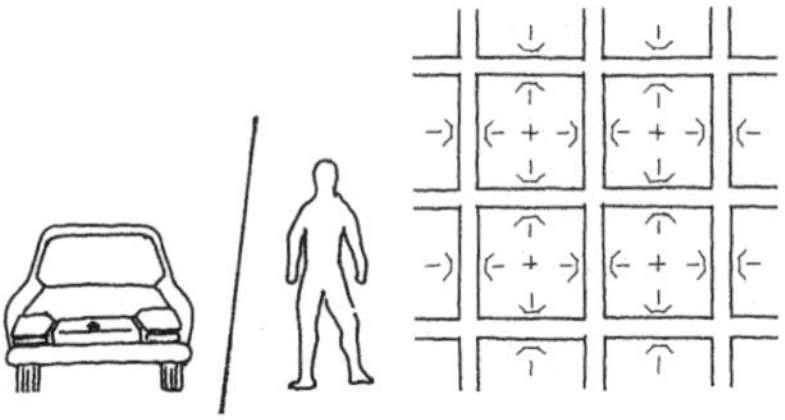

### デルフト

低速交通の条件に合わせた交通の統合。一九六九年に導入されたこのシステムは、単純明快かつ安全であり、街路を貴重な公共空間として維持することができる。建物のそばまで車を乗り入れるときでも、この統合システムは、上記の二つの方式よりはるかに優れている。

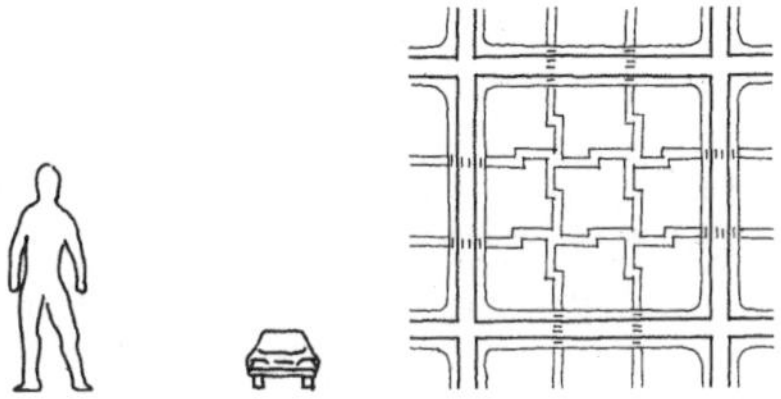

### ベネツィア

歩行者の街。街や地区の境界で高速から低速の交通に切り換える。他の方式に比べて、はるかに高い安全性と安心感を備えた単純かつ明快な交通体系。

体系が大切なことがよくわかる。

ヨーロッパには、数は多くないが、交通と街のアクティビティがまだ自動車と歩行者に分裂していない古い都市が残っている。イタリアの丘陵都市、ユーゴスラビアの階段都市、ギリシアの離島都市、そしてベネツィアがそうである。特にベネツィアは、二五万の人口を持ち、この種の都市としては群を抜いて大きく、もっとも完成度の高い洗練された例なので、歩行者都市のなかで特別な位置を占めている。

ベネツィアでは、重量物の輸送は運河を使って行われるが、いまでも歩行者路の体系が街の主要な交通網になっている。

ここでは、アクティビティと交通が同じ空間に共存している。そこは、屋外生活のための空間であると同時に、結び目の役割を果たしている。このようななかでは、交通が安全の問題、排気ガス、騒音、ほこりの問題を引き起こすことはない。したがって、仕事、休息、食事、遊び、娯楽、交通を分離する必要が生じたことは一度もない。

ベネツィアでは、さまざまなプロセスが歩行者空間を中心に統合されている。そこは、都市の規模に拡大された居間である。

予定の会合時間に遅れるベネツィアの社交習慣も、この点から説明がつく。そこでは、街を歩いてくるあいだに必ず友人や知人に会うか、足を止めて眺めるものに出会うことになる。

## 街の境界で遅い交通に切り換える

ベネツィアの交通の第一原則は、街の境界で高速から低速の交通に切り換えが行われることである。自動車を利用してきたところでは、ほとんどの場合、この切り換えを玄関先で行うのが長年の習慣になっている。

しかし近ごろ、ヨーロッパの新しい住宅地では、街の境界や住宅地のはずれで車を降り、最後の五〇～一五〇メートルを地区のなかを歩いて家に戻るのが普通になっている。これは、地区内の交通を他の屋外活動と再統合するうえで、好ましい展開である。

## 歩行者を中心にした地区内交通の統合

地区内の自動車交通を歩行者と共存させようとする試みも有望な展開のひとつである。この原則は、オランダで最初に採用され、低速の自動車交通に合わせて地区の設計、修復が行われた。

これらの地区は、ボンエルフ（生活の庭）と呼ばれている。そこでは、玄関先まで車を乗り入れることができるが、街路ははっきり歩行者の場所として設計されており、車は屋外生活と遊びのために確保されたスペースを縫ってゆっくり進まなければならない。車は歩行者の領域への外来者である。

歩行者を中心に自動車交通を統合しようとする考え方は、交通を隔離する方法に比べて多くの利点を持っている。車がまったく入ってこない街のほうが交通の安全度が高く、屋外生活と歩行者交通に適したデザインと規模を持っている。その意味では最善の解決策であろう。しかし、交通を統合するオランダの方法は、多くの事例に無理なく適用することができる、次善の解決策と言ってよいだろう。

車を玄関先まで乗り入れる必要があるところでは、オランダの「ボンエルフ」方式、すなわち低速の交通、歩行者、自転車の共存街路が最善の解決策である。これらの街路は、「柔らかい交通」の優先地区であることがはっきり分かるように仕上げられている。交通の速度は、低い凹凸やいろいろな障害物によって低く抑えられている。
写真は「ボンエルフ」に改造する前（上）と後（下）の街路、オランダ

## 交通と屋外生活の統合

ベネツィア方式を採用し、街の境界で高速から低速の交通に切り換える場合でも、オランダのボンエルフ方式を採用し、歩行者、自転車と低速の自動車交通が共存する複合機能型の街路をつくる場合でも、住宅地の計画で大切なのは、屋外での人びとのアクティビティを考慮して交通と活動を統合することである。

交通の中身が歩行者や低速の自動車であれば、屋外生活と遊びの領域を交通の領域から分離する必要はなくなる。家に出入りする交通は、ほとんどの場合、住宅地の屋外活動のうちでもっとも豊富な内容を含んでいる。したがって、できるだけ多くの活動を交通と統合するのは理にかなったことである。交通を統合すれば、移動中の人たち、遊んでいる子供たち、家のまわりの活動に参加している人たちのそれぞれの活動が、互いにもり立て刺激を与えあうようになるだろう。

遊び、屋外でのくつろぎ、会話などの活動は、何か目的外のことに心を奪われたときや、どこか別のところに行く途中に始まることが多い。

屋外でのくつろぎと移動は、はっきりと区別できる活動ではない。両者の境界は柔軟性を持っている。同じ人間が両方を同時にしていることがある。

種類の異なる活動のあいだには、条件さえ許せば、互いに混じりあおうとする強い傾向が見られる。

# 誘引か拒絶か

誘引か拒絶か

街や住宅地の公共空間を魅力ある近づきやすいものにすれば、人と活動が私的環境から公的環境に移動しやすくなる。反対に、設計しだいでは、物理的にも心理的にも公共空間に足を運ぶのが面倒になる。

誘引——公的領域と私的領域の滑らかな移行

公的領域が人を引きつけるか、拒絶するか。それは何よりも、公的環境と私的環境の関係、そして二つの領域の境界ゾーンのデザインによって決まってくる。高層住宅には、住戸内のまったく私的な領域と、階段、エレベーター、街路など住戸外の公的な領域しかない。境界がこのように明確に区切られていると、多くの場合、必要がなければ公的環境に足を運ぶのが面倒になる。

一方、完全に私的でも完全に公的でもない移行ゾーンがあると、境界に柔軟性が生まれる。こうした境界は結び目の役割を果たすことが多く、物理的にも心理

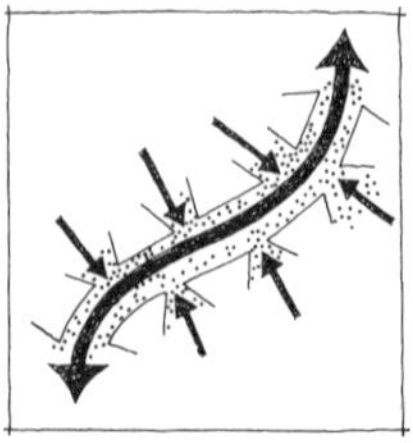

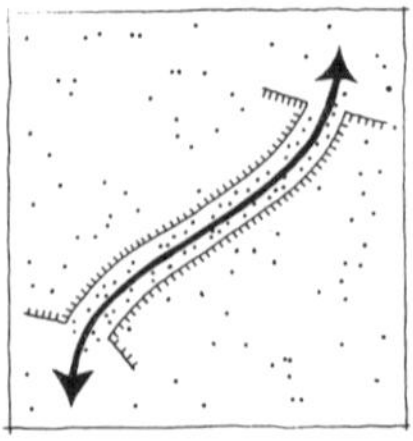

的にも、住人と活動が私的空間と公的空間のあいだ、家の内と外を気軽に行き来するようになる。この点はきわめて重要であり、次章で詳しく検討することにしたい（二五五頁参照）。

**誘引――何が起こっているか見ることができる**

公共空間で何が起こっているか見ることができる。これも、人を引きつける要素である。

家から街路や遊び場が見えれば、子供はそこで何が起こっているか、誰が遊んでいるか、いつでも知ることができる。高い階や遠くに住んでいて、何が起こっているか見ることができない子供に比べ、ずっと頻繁に外に遊びにいくきっかけを見つけるだろう。

見ることができれば、参加したいという気持ちが生まれる。子供だけでなく大人の活動にも、この関係をはっきり示す例がたくさんある。街路に面して窓がある青少年クラブやコミュニティセンターは、建物の地下にあるクラブよりも会員数が多い。これは、通行人がそこで行われていることや活動している人を見て、加入する気を起こすためである。商人は、昔から人通りがあるところに店を構え、街路に面して陳列窓を設けるのが何より大切なことを知っていた。同じように、街頭カフェは人を誘いこむ単純かつ効果的な方法である。

誘引――短く楽な経路

人を引きつけるには、私的環境と公的環境を結ぶ経路が、短く楽なものでなければならない。人と人、機能と機能のあいだの距離、経路の状態、交通の種類などが大きな影響力を持つことを多くの例が示している。

小さな子供が自宅の戸口から五〇メートル以上離れることはめったにない。そして、この狭い範囲のなかでさえ、距離の影響が認められる。子供は、ちょっと離れたところに住んでいる子供より、隣の子供とよく遊ぶ。

たいていの人は、遠くに住んでいる知人より、近くに住んでいる親類や友人とよく顔を合わせる。近くに住んでいる人どうしのあいだでは、「ちょっと立ち寄る」といった格式ばらないふれあいが頻繁に行われる。それは、他の形のふれあいを促進する効果を持っている。

公共図書館でも、距離と本の借り出しのあいだに明瞭な関係が見られる。図書館の近所に住んでいて、簡単に来館することができる人たちが、もっとも多く本を借りている。

動機の転換――目的をもった外出が口実になる

公共空間に足を運べば、ふれあい、見聞、刺激の欲求をある程度満たすことができる。これは公共空間の必要条件の一部である。しかし、これらは心理上の欲

誘引――屋内から屋外への段階的移行
公的空間と私的空間のあいだに段階的な移行が用意されていると、人びとは、公共空間のアクティビティや出来事に参加し、またそれと密接な接触を保ちやすくなる

上／人を引きつける街路（セントポール・ベイ、ケベック）
中／長屋地区の半私的な前庭
左／中高層住宅地の段階的な移行ゾーン――しかし恩恵を受けるのは一階だけ（アルメレ、オランダ）

求の部類に属する。飲食、睡眠など、もっと基本的な肉体上の欲求と違い、これらが直接の目標になったり、特に計画して実行されることはほとんどない。たとえば、大人が刺激やふれあいの欲求を満たすだけの理由で街に出かけることはめったにない。本当の目的がどうであれ、私たちは買物をする、散歩をする、新鮮な空気を吸う、新聞を買う、車を洗うなど、もっともらしい筋の通った理由で外出する。

買物がふれあいと刺激の口実になっているというのは、正確でないかもしれない。買物に出かける人たちは、たいてい、ふれあいと刺激の欲求が彼らの買物の計画に一役買っているとは思っていないだろう。しかし、自宅で働いている人は、外で働いている人に比べ、平均して三倍近い時間を買物に使っている。一週間に一度だけ買物をしたほうが手間がかからないのに、週に幾度も買物に出る人がたくさんいる。これらの事実は、毎日の買物の多くが、単に生活用品を手に入れるためだけのものではないことを物語っている。

一般に、基本的な肉体上の欲求と心理上の欲求は同時に満たされることが多い。そして、実際には双方の欲求を合わせて満たしているときでも、基本的で定義しやすい欲求だけが説明に使われたり、直接に意識される動機になることが多い。このような点を考えると、買物は買物そのもののための外出であると同時に、ふれあいと刺激のための口実、もしくは好機である。

遊び場は、そこに備えられている遊具や仕掛けがどうであれ、根本において出会いの場所である。子供たちは、遊び場になら、いつでも行くことができる。そして、他の子供が集まってもっと有意義な活動が始まるまでのあいだ、遊具を使って一人で時間を過ごすことができる

上／デンマークの住宅地の路地清掃日。あらゆる年齢層の住民が参加し、こうしたコミュニティ行事のしめくくりには、しばしば住民パーティが開かれる
右／イギリスの高層住宅地に設けられたミニ庭園

## 誘引——行き先

動機がこのように複雑にからみあっているので、公的環境には目的地、つまり人びとが簡単に見つけだすことができ、外出のはっきりした動機や誘因になる物と場所が必要である。特別な場所、見晴らし場所、夕日の見える場所への散歩、また商店、コミュニティセンター、スポーツ施設など、どれも目的地になることができる。

共同の井戸と洗濯場がある村にいくと、いまでも、この二つの施設が打ちとけたふれあいにとって何よりの触媒になっているのを見ることができる。ときには、サンビットリーノ・ロマーノ（一二三頁参照）のように、口実が一種の不文律になっていることもある。そこでは、井戸に古い手桶が置いてあり、誰かと話したくなったら、いつでも「手桶で水を汲みにいく」だけでよかった。

南ヨーロッパでは、居酒屋も目的地として重要な役割を果たしている。居酒屋はワインを飲むだけの場所ではなく、人びとはそこに行けば必ず友人に会えることを知っている。世界の他の地域では、パブ、ドラッグストア、カフェが同じように目的地と口実の役割を果たしている。

新しい住宅地では、郵便ポスト、新聞売り場、レストラン、商店、スポーツ施設が、人びとが公的環境に足を運び、そこで時間を過ごす口実によく使われている。

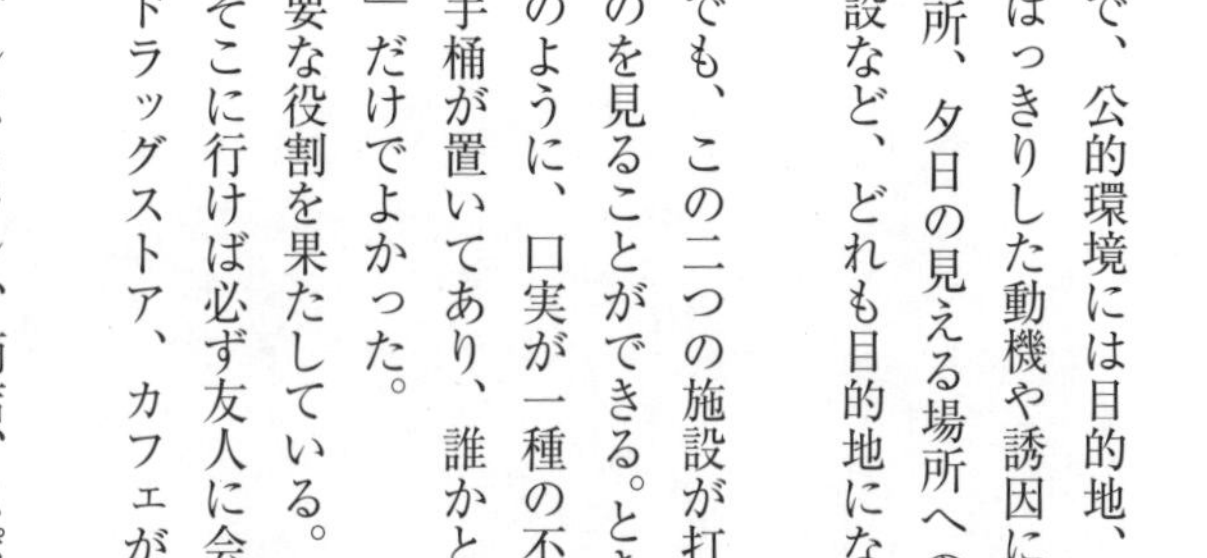

何かすることがあれば、その後に何か語りあうことがあるだろう。必要活動、任意活動、社会活動は、無数の微妙な糸で相互に結ばれている

修繕、趣味、料理、食事など、日常の家事を住宅の公共空間側に持ちだせるように配慮すると、建物のあいだのアクティビティが大幅に強化される（上／北トロント。下／ブルックリン、ニューヨーク）

子供にとって、いつでも行くことができる場所は遊び場である。実際、この役割は、遊び場のもっとも大切な機能のひとつである。多くの遊び場は、あまり有効に使われていない。子供たちは、屋外で過ごす時間の大半を遊び場以外の場所での遊びに費やしている。しかし、それでもなお遊び場は、出会いの場所、そこから何か別の活動が始まる場所として大切な働きを持っている。

他の子供が外で遊んでいてもいなくても、遊び場にならいつでも行かせてもらえる。そこに行けば、いつでも何かすることがある。それが始まりになる。

## 誘引——活動の対象

子供たちは、遊び場にいき、別のことが始まるまでのあいだ遊具を使って遊んでいる。他の年齢層の人たちにとっては、たとえば庭と庭仕事がまったく同じ役目を果たしている。

天候がよく、屋外にいるのが快適なときには、庭が有意義な活動を提供してくれる。庭が人びとの通り道のそばにあり、そこから他の活動がよく見えれば、庭仕事は他のレクリエーション活動や社会活動と結びつくことが多い。実用が娯楽と結びつく。

前庭での活動を詳しく調べた研究［21］によって、多くの場合に目的が複雑に組み合わさっていること、庭仕事が屋外で時間を過ごす口実になっていることが明らかにされている。老人だけでなく多くの人びとが、園芸の目的だけに必要な時間に比べ、かなり長い時間を庭仕事に費やしていることは注目に値する。

これは住宅地の公共空間に、歩き、腰掛ける機会だけでなく、行動する機会、行動の対象、参加する活動が必要なことを強く示している。できれば、これに加えて、じゃがいもの皮むき、縫い物、修繕、趣味、食事など、ちょっとした日常の家事と生活を公共空間に持ち出せるとよい。

# 開放か閉鎖か

開放か閉鎖か

公的環境のなかで行われていることと、それに隣接する住宅、商店、工場、仕事場、コミュニティ施設のなかで行われていることのあいだに体験を通じたふれあいがあれば、どちらにとっても体験の可能性が大きく広がり、豊かになるだろう。

体験の相互交流を開くには、窓とガラスがあればよいというわけではない。距離の問題も大きな影響力を持っている。出来事が開放されるか、閉鎖されるか。それは、人間の限られた知覚能力にも左右される。

大きな窓を持っているが、街路から一〇～一五メートル後退している図書館と、街路にじかに面した窓を持っている図書館。この二つを比べると、違いがはっきりする。前者では窓のある建物が見えるだけだが、後者では人びとに利用されている図書館を見ることができる。

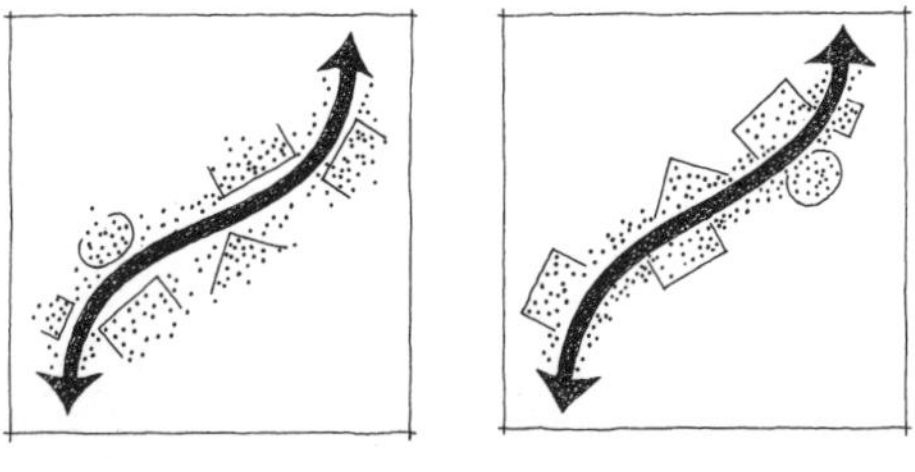

## ありふれた計画方針

新しい住宅団地と都市再開発地区では、屋内の出来事や機能をほとんど目にすることができない。

水泳プール、青少年センター、ボーリング場、待合室などは、閉鎖的につくるのが慣例になっている。明らかに、ただそれだけの動機で多くの活動が閉じ込められている。

効率性への配慮が重要な役割を果たしているように見える例もある。学童が窓の外を見たり、外から見られたりするのは、気が散るので好ましくないと考えられている。工場労働者は、生産性のために蛍光灯の光と慎重に選ばれたバックグラウンドミュージックのなかで仕事をしなければならない。高層ビルの事務所で働く人たちは、窓から雲を見ることができるが、街路を見ることはできない。開放性と近づきやすさが商売にじかに役立つところでだけ、商品への視界、また必要に応じて人びとの活動への視界が開かれている。

## もうひとつの計画方針

人と活動を囲い込んでいる例には、無頓着なものと意図的なものがあるが、たいていどちらも適切とは言いがたい。これに対して、個々の場面ごとに状況と関係者の利害を評価し、それに基づいて計画方針を立てることもできる。そのほう

開放か閉鎖か

左上／歩道と水泳プールのあいだの大きなガラス壁のおかげで、わくわくするような街路環境が生み出されている（コペンハーゲンのベスタブロ、デンマーク）

左下／この店は年中無休で開いているが、歩道に向かってはいつも閉じている（アデレード、オーストラリア）

OPEN 7 DAYS
NOW OPEN
from
MIDNIGHT
MON.-SAT.
coles
OPEN
MIDNIGHT

が、多くの場合、開放と閉鎖の微妙な区別を無理なく行うことができるようだ。

高齢者住宅や病院からは、公共空間で行われている活動が見えるほうが都合がよいが、その逆は好ましくない。保育園では、おそらく一部の部屋は街路に対して開かれていることが望ましいが、他の部屋はそうではない。公共の水泳プール

開放か閉鎖か――住宅地で

上／「マイホームは私の城」――極端に走りすぎている例が少なくない

下／スカンジナビアの新しい住宅地では、住宅のつくりを開放的にする努力が払われており、バルコニー、前庭、サンルームなどを使い、影響圏と監視圏が通りにまで広がるように配慮されている（シベリウスパーケン、一九八四～八六年、コペンハーゲン、設計＝共同設計室）

やバドミントンコートは、街路より低いところに設けるべきだろう。そうすれば窓の位置が高くなるので、通行人が窓からのぞき込んでも、それによって活動が妨げられないですむ。

## 公共アクティビティの「私物化」

近ごろ、私的な建物や商業施設のなかに、一見したところ公的な空間を設ける傾向が目立っている。街区のなかを横切る民間のアーケード商店街、地下街、ホテルの巨大な屋内「広場」などがその例である。

この傾向は、開発業者の目から見ると、きわめて有望な見通しを持っているかもしれない。しかし、街にとってはたいていの場合、人を分散させ、人と活動を効率よく閉じ込め、公共空間から人と魅力ある物事を根こそぎにする結果を招くだろう。多くの公共空間と街全体を強化するはずの機能が閉じ込められてしまうので、街は閑散とし、退屈で危険になる。

## 公的交通か私的交通か

動いている人を見ることができる。動きまわっている人が周囲で行われていることを見ることができる。これらの可能性にとって、交通が人から車に移っていく傾向は、事態の悪化を意味している。

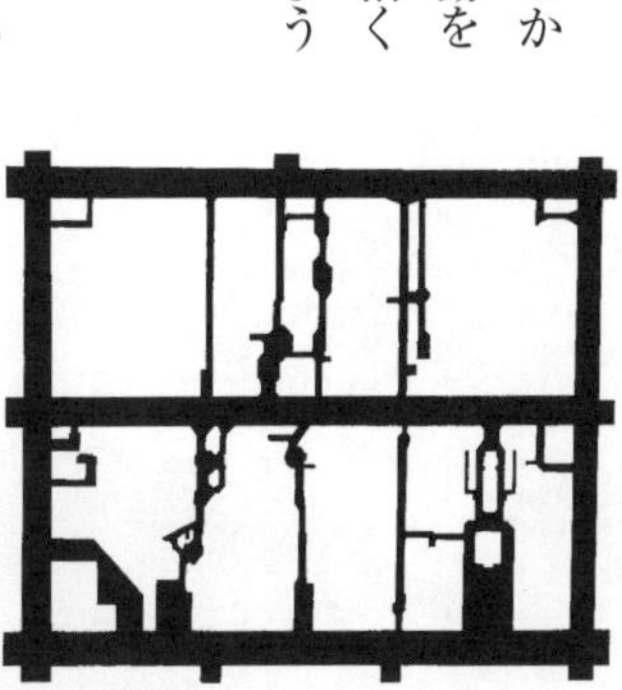

「スイスチーズ現象」
私的なショッピングアーケードが、街区のなかを迷路のように横切っている（パース、西オーストラリア）

ショッピングアーケード、アトリウム、屋内広場など、一見したところ公的に見える空間が急速に増加しているが、これらは、隣接する公共の街路や広場のアクティビティを弱める働きをする。

名前は「コモン＝共有地」でも、実際は私有地であり、管理がきびしい

歩行者の街では、人びとが街中を動きまわっている。自動車の街では、車だけが街路の上にいる。車のなかには、確かに人と出来事が存在しているのだが、歩道から見ると映像がばらばらで瞬間的なため、誰が移動しているのか、何が起こっているのか理解することができない。人びとの動きが、ただの自動車交通になってしまっている。

たくさんの車、その動き、いろいろな車種、ちらっと見えるたくさんの人影にも一定の魅力がある。街路沿いに置かれたベンチ、交差点を眺めている人たち、人影のない歩行者路より車の通る街路を歩きたがる傾向などがそれを裏づけている。しかし、車を眺める楽しみは特殊なものであり、それが見られるのは、他に体験する価値のあるものが身近に存在しない場合に限られている。たとえば、イタリアで広場のある街とない街を比べると、それがよくわかる。都市生活とうまく結びついた広場がある街では、そこに人びとが集まっている。これに対して、広場と都市のアクティビティがない街では、交通が交差する街角が人びとの集まる場所になっている。そこには、少なくとも眺めるものがある。

ベネツィアのような古い歩行者の街では、これと正反対のことが起こっている。そこでは人と商品の動きを体験することができ、それによって街の組み立てと働きを読みとり、理解することができる。教会を出てきた新婚カップルは、黒いリムジンには乗らず、結婚式の客を従えて徒歩で街を横切っていく。仕事にでかけ

限られた特定の「公的アクティビティ」のために、洗練された屋内広場が用意されている

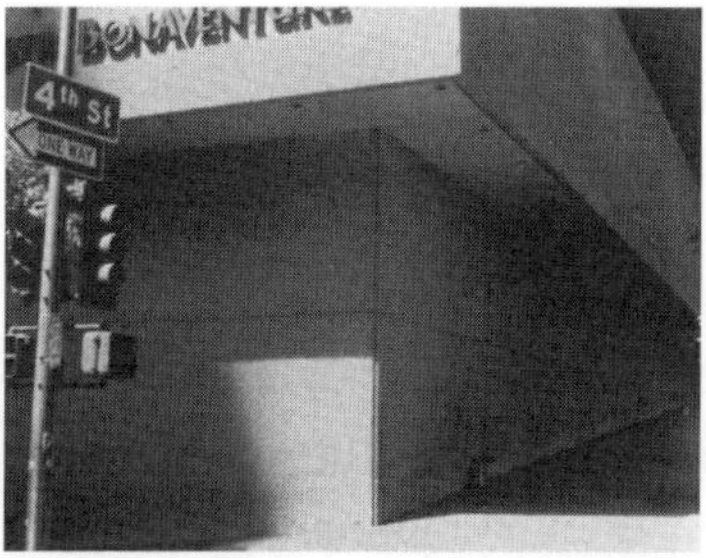


街に対しては、まったく無表情な壁がめぐらされている（ロサンゼルスのホテル）

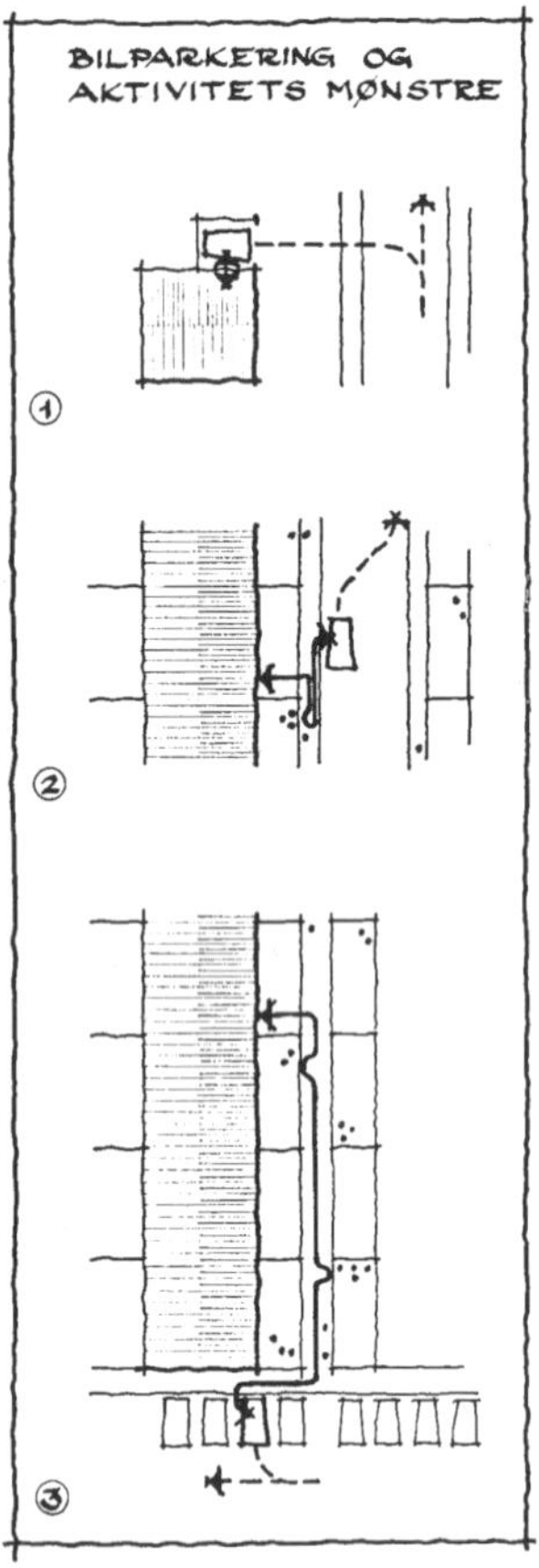

公的交通か私的交通か

右／駐車場の位置と活動パターン

①　駐車場が玄関先に置かれていると、街路には車しかいなくなる。

②　歩道の脇に駐車すると、街路に車だけでなく人の姿が見られるようになる。隣人のふれあいの機会が、ずっと大きくなる。

③　住宅地の入口に駐車場を設けると、自動車交通の代わりに歩行者交通が生まれる（メルボルンの街路調査から［21］）

上／自家用車を玄関先まで乗りつけることを優先すると、一般に公共空間での活動は大幅に減少する

中および下／家から少し離して駐車場を設けている住宅地では、近所の家の前を通って車のところまで行く道程が、外出の大切な、そして楽しい一部になっている

る音楽家は、楽器を腕にかかえて街を歩いていく。着飾ってパーティや劇場にでかける人たちも歩いていく。

このような観点から注目したいのは、最近の住宅地計画で、車を住戸から一〇〇〜二〇〇メートル離れたところに駐車させる例が増えていることである。これらの地区の街路では、人通りが増え、街路に出たり眺めたりすることが楽しくなり、近所の人たちとの打ちとけた出会いの機会が増えている。交通を車に閉じ込めたり、専用の道路網、地下道、地下駐車場に隠したりせず、人びとの目に開放すれば、破壊行為と犯罪の危険を減らすうえでも明らかな効果がある。

# 第四部　歩く空間・時を過ごす場所・細部の計画

## 歩く空間——時を過ごす場所

### 空間の使用頻度がすべてではない——もっと大切なのは使われ方である

どうすれば時間と空間の両面で人と機能を集めることができるか。都市と敷地の計画を通じて、どうすれば活動を閉じ込めずに統合し、誘引し、開放することができるか。第三部では、これらの点を論じてきた。そこでは、まず活動の発生率、つまり実際にやってくる人の数に影響が出る。しかし、活動の水準と出来事の数だけで公的環境の質を評価することはできない。

時間と空間の両面で人と出来事が集中することは、何かが起こるための前提条件になる。しかし、もっと大切なのは、どのような活動が育つのかということである。人びとが出入りすることができる空間をつくるだけでは十分ではない。その空間のなかを動きまわり、ぶらつくのに都合のよい条件、また幅広い社会活動とレクリエーション活動に参加するのに都合のよい条件が備わっていなければならない。

この点では、屋外環境のそれぞれの部分の質のよしあしが、きわめて大きな役

細部の扱いは、屋外空間の使いやすさに大きな影響を及ぼす。細かい部分に配慮が行き届くと、屋外空間は便利で評判のよいものになることが多い。細部への配慮が不足したり、欠けていると、必ず失敗する

上／サンドビカの住宅地、スウェーデン（設計＝ラルフ・アースキン）
左／ミルトンキーンズの住宅地、イギリス

割を演じる。ごく小さな構成要素も含めて、個々の空間と細部のデザインが決定要因になる。

### 屋外活動と屋外空間の質

各種の屋外活動が屋外空間の質によってどれだけ左右されるか。特に、屋外空間の質が改善されたところでは、任意のレクリエーション機能と社会活動がどれほど大きな影響を受けるか。第一部で述べたように、この点を忘れてはならない。

一方、屋外空間の質が低下すれば、これらの活動は姿を消していく。この点もすでに指摘した。

これらの活動が存在することによって、公共空間はひときわ魅力のある意味深いものになっている。それと同時に、これらの活動は物的環境の質にとりわけ敏感に反応する。出来事の数ではなく、屋外活動の性格と内容を主題にする第四部では、この点を忘れてはならない。

### 屋外空間の質は小さな規模で決まる

都市計画や敷地計画の段階での決定は、すぐれた屋外空間をつくるための基礎になる。しかし、かくれた可能性を引きだすことができるのは、細部の計画段階での注意深い配慮だけである。こうした作業を軽視すると、可能性がしぼんでしまう。

第四部では、屋外環境が備えるべき幾つかの特質について、さらに詳しく検討してみたい。そのあるものは一般的な条件であり、あるものは歩く、立ち止まる、座る、そして見る、聞く、話すといった単純な基本活動に関連するやや特殊な条件である。

これらの基本活動は、他のほとんどすべての活動のなかに含まれているので、出発点の役割を果たす。楽しく歩き、立ち止まり、座り、眺め、聞き、話すことができる空間は、それだけで大切な特質を備えているが、さらに遊び、スポーツ、コミュニティ活動など、他の幅広い活動が育つ力強い土台になる。なぜなら、さまざまな活動が必要とする特質には共通なものが多く、また大きく複雑なコミュニティ活動は、たくさんの小さな日常活動から自然に育ってくるものだからである。大きな出来事は、たくさんの小さな出来事から発展する。

子供、大人、老人

屋外環境に対する子供特有の要求については、他の年齢層の要求と合わせて考えることにしたい。第四部の考察では、一般的に備えるべき特質に重点を置き、次いで屋外空間に対する大人と老人の要求を取りあげる。

屋外活動とそのための条件は、年齢層によって異なる。この優先順位は、検討

の必要度に応じたものである。また、大人と老人の屋外活動を促進すれば、それが子供たちの活動と彼らが育つ環境にとって何よりの手助けになるだろう。

# 歩く

## 歩く

歩行は、まず第一に移動の一形態であり、動きまわる手段である。しかし、それは公的環境のなかにいるための格式ばらない手軽な機会も提供してくれる。私たちは、用足しや近所の様子を見に歩いていく。また、ただ歩きたいから歩くこともある。あるときは、これらのことを同時に行い、あるときは別々に行う。

歩くという行為は、必要から生じた行為であることが多いが、ただ単にそこにいるための口実にもなる。「ちょっと歩いてくる」

あらゆる種類の徒歩交通に共通して、肉体面と心理面から物的環境に求められる条件がいくつかある。

## 歩く場所

歩くには空間が必要である。妨害されず、押されず、必要以上に体を動かさずに、ある程度自由に歩くことができなければならない。ここでの問題は、歩いているあいだに出会う障害に対して、人間側の許容水準をどの程度に設定するかという点にある。広すぎず、豊かな体験をすることができ、しかも自由に体を動かす余裕のある空間が望ましい。

空間に対する許容水準と要求は、人によりグループにより、また状況により大きく異なる。北ギリシアの都市ヨアニーナの広場で、昔から行われている晩の散歩を観察すると、この関係がよくわかる。

夕方、散歩が始まるころには、広場を行きつ戻りつしているのは主に子供を連れた親と老人であり、参加者の数も多くない。

やがて暗くなり、人がたくさん出てくると、まず子供が、次に老人が姿を消す。さらに人ごみが大きくなると、中年の大人が雑踏から引きあげていく。夜がふけ、広場の人ごみが最高潮に達するころには、ほとんど街の若者だけが群衆のなかを行ったり来たりしつづけている。

## 街路の寸法

混雑の度合いを自由に決めることができる状態では、対面通行の街路と歩道で許容できる歩行者の上限密度は、幅員一メートル当たり一分間に約一〇〜一五人であることがわかっている。これは、幅一〇メートルの歩行者街路の場合、一分間に約一〇〇人の歩行者流になる。密度がこれ以上になると、歩行者交通が対面

する二つの流れに分離するはっきりした傾向が見られる。それに応じて、歩行者に右側通行が義務づけられると、動きの自由がそれだけ束縛されることになる。人びとはもはや出会うことはなく、列になって人の後を歩いている。混雑しすぎている。

歩行者流がごく限られていれば、街路もそれだけ狭くできる。古い街の小さな街路は、住宅の廊下と同じように幅一メートル以下のものが多く、いなかの小道で幅が三〇センチを超えるものはほとんどない。

「車輪のある」歩行交通

ベビーカー、車椅子、ショッピングカートなど、「車輪のある」歩行交通は、空間に対して特別の要求を持っている。この種の交通を考える場合には、一般に前項で述べたよりゆとりのある寸法が必要になるだろう。コペンハーゲンでは、幹線街路のストロイエを、車道の両脇に狭い歩道のある通りから、四倍の広さの歩行者領域をもつ歩行者専用街路に改造した。その結果、空間条件がベビーカーの交通にとって大変重要な意味を持つことが明らかになった。そこでは、歩行者数が最初の一年間で約三五パーセント増えたのに対し、ベビーカー数の増加は四〇〇パーセントに達した。

### 舗装材と路面の状態

歩行者交通は、舗装と路面の状態にきわめて敏感に反応する。玉石、砂、敷き固められていない砂利、でこぼこの地面は、たいていの場合、歩くのに向いていない。特に、歩行障害を持っている人には一段と歩きにくい。

歩きにくい路面状態は、一般に歩行者の往来に悪影響を及ぼす。人びとは、濡れて滑りやすい歩道、水たまり、雪、ぬかるみをできるだけ避けようとする。足が不自由な人は、こうした場面でとりわけ不便な思いをしなければならない。

### 歩行距離――物的距離と体感距離

歩くと体が疲れる。したがって、多くの人が歩くことができる距離、また歩こうとする距離にはきびしい限界がある。

多くの調査から、日常生活のなかで大部分の人が許容できる歩行距離は、約四〇〇～五〇〇メートルであることがわかっている[6]。子供、老人、身体障害者にとって、許容歩行距離は一般にそれよりずっと短い。

個々の場面では、実際の物的距離だけでなく、それ以上に体感距離が許容歩行距離を大きく左右している。

むき出しで退屈な通路がまっすぐ五〇〇メートルも延びていて、一目で見渡せるところでは、距離がひどく長く体感され、疲れを感じる。一方、長さが同じでも、経路が何段階にも分かれて目に入ってくるところでは、距離がずっと短く感じられる。たとえば、外部の条件がよければ、街路を少し屈曲させることによって空間を閉ざし、歩いていく距離を一目で見渡せないようにするのも効果がある。このように、許容歩行距離は、街路の長さと経路の質の相互関係によって決まっ

てくる。質の高い経路とは快適に歩くことができ、適度な刺激を備えた経路である。

## 歩行経路

歩くのは疲れる。そのため歩行者は、自然に経路の選択に気を遣うようになる。人びとは、決まった主要経路から大きくはずれるのを嫌がる。目的地が見えていれば、彼らはまっすぐそこに向かおうとする。

物的距離と体感距離
許容歩行距離は、きわめて主観的なものである。実際の距離に劣らず、経路の質が重要な意味を持っている

歩いている人は、誰でもまっすぐな経路と近道を好む。この傾向に歯止めをかけることができるのは、危険な交通、長い障壁など、大規模な障害物だけらしい。いくつもの観察結果が、最短経路をとりたいという願いの強さを物語っている。コペンハーゲンの広場では、中央部が一段低くなっていて、短い階段を上り降りしなければならないにもかかわらず、多くの歩行者がそこを通り、斜めに広場を横切っていた（右図参照）。シエナのカンポ広場（五七頁参照）でも、一三五

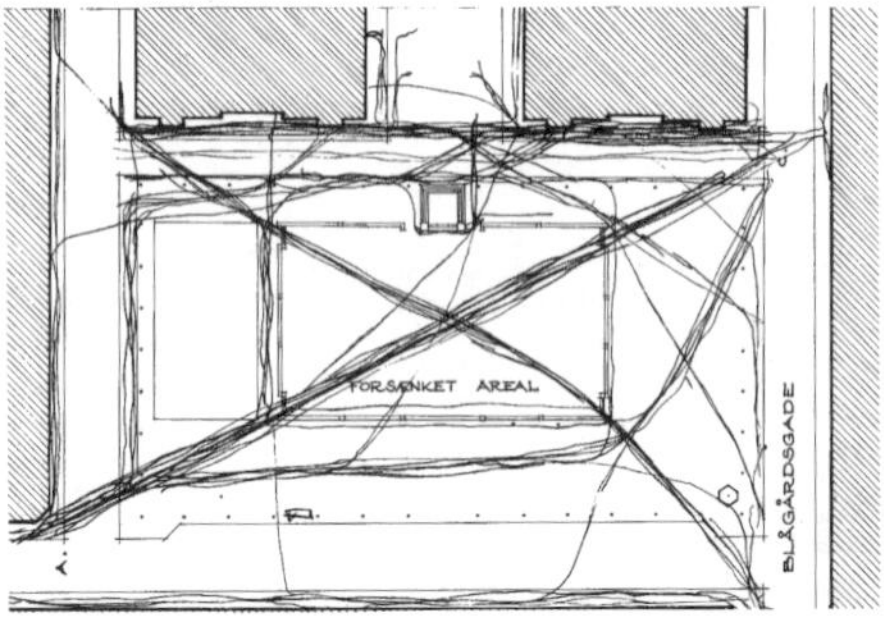

上／コペンハーゲンの広場の歩行経路調査。ほとんどの人が、広場を横切る最短経路を通っている。一段低くなった中央部を避けて遠回りをしているのは、自転車やベビーカーを押している人だけである。都市計画家は一般に直角が好きだが、歩行者はけっしてそうではない
中／オランダの住宅地
下／コペンハーゲンの市庁舎広場。積雪が歩行パターンを可視化している

メートル以上離れた向こう側まで、まず高低差三メートルの坂道を下り、それから三メートル上らなければならないが、やはり同じ傾向が観察された。

交通量の多い街路でも、安全な経路より短い経路を選ぶ傾向が見られる。横断歩道が有効に活用されているのは、自動車の往来が特に激しい場合、街路の幅がとても広い場合、横断歩道が大変うまく配置されている場合に限られている。

激しい自動車交通、障害物、面倒な街路の横断。これらが組み合わさって、いらいらするような回り道を生み、歩行者交通を不当に束縛している。

コペンハーゲン中心部の大きな広場、コンゲンス・ニュートウの現状を見ると、この問題がよくわかる。

そこでは歩行者は、広場の外縁部とたくさんの大小の安全地帯に追いやられている。

一九七〇年代の広場の歩行者景観は、四八の安全地帯によって構成されており、人びとはそれを伝って歩いていた。古い写真を見ると、これとは対照的に、歩行者が気楽にのんびりと、思い思いの方向に広場を横切っている。

## 歩行距離と歩行者路

目的地までの距離が一目で見渡せるところを歩くのはうんざりする。しかし、目的地が見えているのに、まっすぐそこに行けず回り道を強制されるのは、もっと腹立たしく我慢ならない。これは実際の計画では、遠くの目的地が目に入らないように、それでいて目的地に向かうおおよその方向から大きくはずれないように、注意深く歩行者路を設計する必要があることを強く示している。目的地が見えているときには、距離の短いまっすぐな経路を優先すべきである。

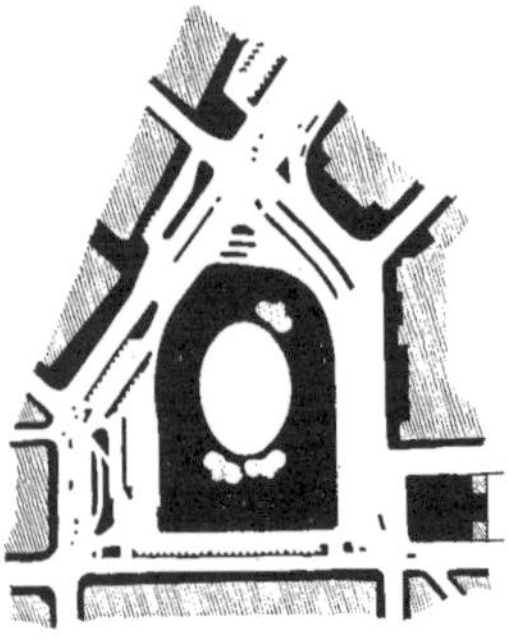

上／コペンハーゲン、コンゲンス・ニュートウ（王の新広場）の歩行者景観、一九〇五年

中および右／コペンハーゲン、コンゲンス・ニュートウの歩行者景観、一九七一年。歩行者は、四八の「歩行者安全地帯」に閉じ込められている

## 歩くのに適した空間

すぐれた歩行者システムをつくるうえで、もっとも大切な条件のひとつは、地区内に自然に備わっている目的地のあいだを最短距離で結ぶように歩行者の動きを組み立てることである。しかし、幹線の流れを最短距離にする問題が解決されたら、次は歩行者路網のなかの個々の結びつきを注意深く配置、設計し、システム全体の魅力をいっそう高めることが大切になる。

## 空間のつながり

すでに述べたように、長い直線の歩行者路を計画することは避けなければならない。屈曲し視野が閉ざされた街路は、歩いていて楽しい。また屈曲した街路は、一般にまっすぐな街路より風に悩まされることが少ない。

街路空間と小さな広場が交互に並んだ歩行者路網は、たいてい歩行距離を短く感じさせる心理効果を持っている。そこでは行程が、自然にいくつかの手ごろな場面に分かれる。人びとは広場から広場への移動に心を引かれ、実際に歩く距離が気にならなくなるだろう。

歩行経路が建物のあいだを通るところでは、街路断面の寸法を予想される利用者数に合わせて決める必要がある。そうすれば、歩行者は輪郭のはっきりした親密な空間を移動することができ、広大ながらんとした場所を「漂流」しないですむ。また、経路の断面の一部が狭くなっているときには、興味深い空間の対比を簡単につくりだすことができる。街路の幅が三メートルであれば、幅二〇メートルの空間もそれとの対比で広場に見えるだろう。

小さな空間を通って広い空間に出ると、空間体験の中身がとても豊かになる。そこには、大小の空間のつながりと対比が生まれる。しかし、全体の計画が人間らしい尺度を保つためには、小さな空間を本当に小さくしておかなければならない。さもないと大きな空間がすぐに過大になってしまうだろう。

## オープンスペースのなかの歩行者路

大きな空間を通るときには、一般に広々としたところを横断したり、空間のまんなかを歩くより、縁に沿って移動するほうが快適である。空間の縁に沿って移動すると、大きな空間だけでなく、街路に面した建物の外観やいま歩いている境界部分の空間の細かい点を同時に体験することができる。一方には広い野原や広場があり、もう一方には、すぐ近くに森や建物のへりがある。空間の縁を歩くと、変化に富んだ二つの体験をすることができる。暗いときや天気が悪いときには、身を寄せることができるものに沿って移動するほうが、多くの場合、はるかに都合がよい。

大きな空間では縁に沿って歩行者路を配置するとよい。南ヨーロッパの都市の

オープンスペースのなかの歩行者路

オープンスペースのへりに歩行経路が置かれていると、歩行者は、二つの世界の精髄を楽しむことができる。一方には、親密さと濃密さと細部、他方には、オープンスペース全体のすばらしい眺め。

空間のまんなかに置かれている歩行経路には、細部も眺望の広がりもないことが多い

広場に行くと、この原則がきわめて洗練された形で実現されているのを見ることができる。そこでは歩行者交通が、広場の周囲にめぐらされた低いアーケードに導かれている。人びとは風雨から保護された快適で親密な空間を歩き、柱のあいだから大きな空間のすばらしい眺めを楽しむことができる。

新しい住宅地に行くと、いわゆる緑地帯のなかの通路にそれと正反対の姿を見ることができる。これらの通路は空間のまんなかにあり、両側にちっぽけな帯状の「風景」が思いつきのように置かれている。

## 高低差

高低差は、回り道と同じように歩行者に切実な問題を投げかける。大きな上下運動はどれも余計な筋肉を使い、それだけ骨が折れ、歩行のリズムを狂わせる。その結果、人びとは上下移動を避けようとする。すでに述べたコペンハーゲンの広場（一九二頁参照）とシエナのカンポ広場では、回り道の長さが上下移動の不利を帳消しにしている。しかし、高低差がもっと大きかったり、厄介だったりすると、人びとはそれを上がり降りするより、少し回り道をしたり危険を冒すほうを選ぶ。

スウェーデンのルンド工科大学のオーラ・フォーゲルマルクは、交通の激しい街路のこちら側にあるバス停留所から、向こう側のショッピングセンターにいく歩行者交通を分析している。そこには、五〇メートルの回り道になる横断歩道、規則違反の直接横断、一対の階段を上がり降りする歩行者トンネルの三つの経路がある。調査によれば、歩行者の八三パーセントが回り道の横断歩道、一〇パーセントが街路の直接横断を選び、トンネルと階段を使った歩行者は七パーセントしかいなかった。歩行者交通が高い歩道橋に追いあげられているところでは、ほとんど例外なく、歩道橋の利用を促進するのに車道との境に柵が必要になっている。

高層の市民センターやショッピングモールをうまく機能させるのはむずかしい。これも、手軽なエスカレーターがなければ、歩行者が楽な水平移動から離れたがらないことをはっきり示している。エスカレーターがあっても、なかなかうまくいかない。デパートに行くと、いつでも一階にいちばんたくさん客がいる。

二階建て以上の住宅にも、これと同じ問題がある。そこでは、実用面でも心理面でも、階段が重大な障害になっていることが少なくない。誰でも同じ階の部屋を行き来するのはほとんど気にならないが、階段を上がり降りして別の階の部屋に行くのはためらうことが多い。多層の住宅では、各階の利用度をほぼ同じにするのが容易でなく、たいてい、いちばん下の階がもっとも頻繁に利用されている。いったん下に降りてしまうと、もう一度上がっていくのが嫌になる。階段のまわりには、いつも、「いつか」持っていくつもりで置かれたまま、いろいろなものが積みあげられている。階段が障害であることをこれほど雄弁に物語るものはない。

　高低差はひどく厄介なものである。屋外空間では、高低差を完全になくしたほうがよい。それが無理なら、少なくともできるだけ使いやすく、心理面でも抵抗がないように、上下の結びつきを入念に設計しなければならない。この主張には十分な根拠がある。

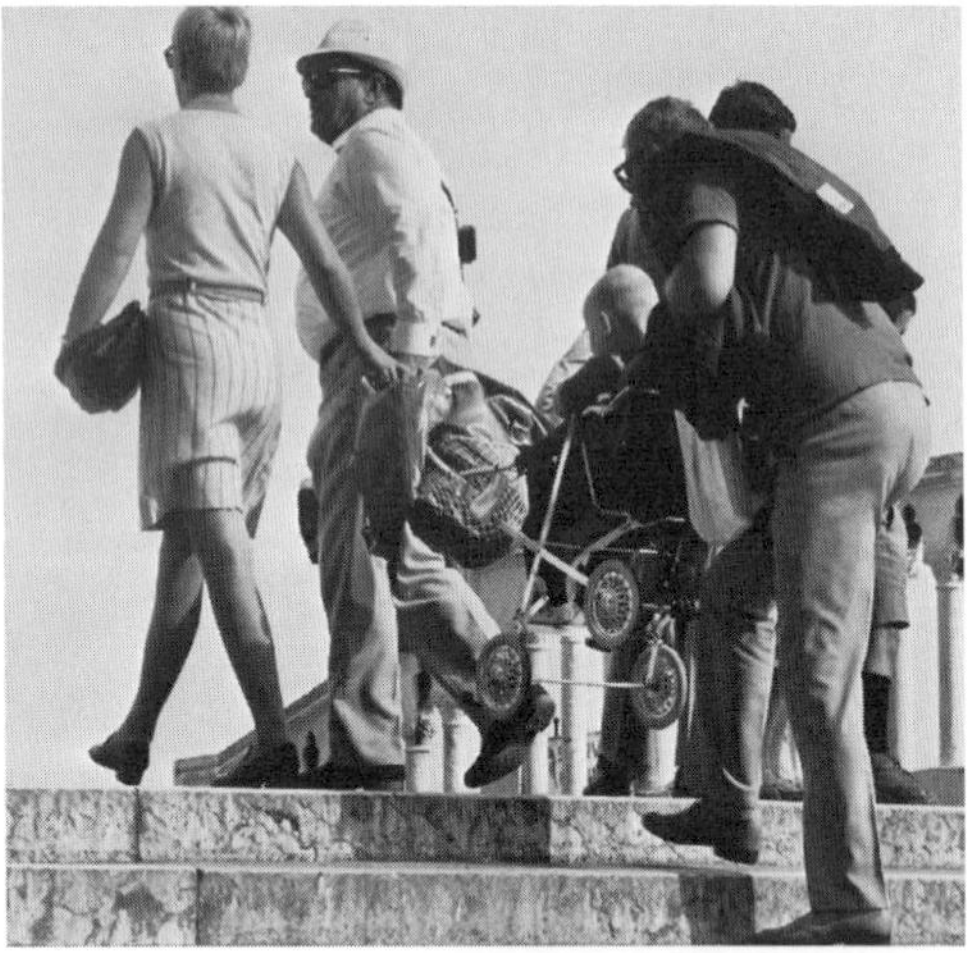

階段

垂直方向の結びつきを苦にならないものにするには、設計に際して、水平方向のつながりを考えたときと同じ一般法則が当てはまる。まず、結びつきが骨の折れない、面倒のないものに感じられる必要がある。ゆるやかな短い上りと下りは、長くけわしい勾配より歩きやすい。長く急な階段はうんざりさせられる。これに対して、いくつかの短い階段が踊り場で結ばれていると、小さな広場をもった街路と同じように、心理的な負担が軽くなる。ローマのスペイン階段は、この原則の優雅な実例である。

歩行者がひとつの高さから別の高さに移るときには、最初に上に向かって移動するより、下に向かって移動を開始するほうが抵抗が少ない。この点では、歩道橋より地下道のほうが有利だろう。そこでは、少なくともまず下に向かって出発することができる。しかし、交通問題をこのやり方で解決する場合には、ゆるやかな反り橋や浅い地下道を使い、歩行者ができるだけ水平に近い状態で自動車交通の上下を横断できるようにしたい。そうすれば、方向も歩行のリズムも乱れないですむ。

## 階段より坂道を

歩行者交通を上下させなければならないところでは、普通は階段より勾配のゆるやかな坂道が好まれる。

利用者に比べて、計画家はことのほか階段が好きなようだ
上／ニューカッスルのバイカー団地で見かけた坂道と階段の自由選択
下／オスナブリュックの造園学部内の歩行者路、ドイツ

坂道のほうがベビーカーや車椅子にも都合がよい。

高低の変化は、できるだけ避けなければならない。これが、歩行者交通と高低差についての第一法則である。そして、歩行者の上下移動が必要になったら、階段ではなく坂道を使うことが望ましい。

# 立ち止まる

## 立ち止まる

立ち止まる活動よりも、歩いたり座ったりする活動のほうが豊かな内容をもち、物的環境への要求も多い。しかし、立ち止まる活動には、公共空間で行われる滞留活動の多くに共通する行動パターンの重要な特徴がはっきり現れている。そこで、この活動について十分な検討を加えてみたい。いうまでもなく、公共空間で立ち止まれることは大切だが、肝心なのはそこで落ち着いて時を過ごすことである。

## ちょっと足を止める

赤信号で止まる。何かを見るために止まる。何かを置くために止まる。このように、立ち止まる活動のほとんどは、きわめて機能本位の性格を持っている。これらの、たいていの場合ひどく短い停止は、物的環境の影響をほとんど受けない。歩行者は歩道のへり、建物の前など、必要があるところなら、どこででも足を止める。

誰かと話すために立ち止まる

誰かと話すために立ち止まるという行為は、この何らかの必要があってする行

動の部類に属する。顔なじみが出会うと、会話の場面が生まれる。会話は彼らが出会った場所で始まる。よく知った人に会って、そっけなくするのは失礼なので、これはおおむね必要な行動と言ってよい。会話が長びくかどうか、あらかじめわかる人はいない。だから、話しはじめた人たちは、立ち止まりやすいところまで、わざわざ移動しようとはしたがらない。そのようなわけで、階段の上、店の扉のそば、往来のまんなかなど、人が出会うところでは、時間と場所にあまりかかわりなく、どこでも会話を交わしている人たちを目にすることができる。

しばらく立ち止まる

足を止めている時間がもっと長くなると、別の法則があてはまる。軽い停止ではなく、本当に腰を落ち着けた行為が生まれたところでは、つまり何か、または誰かを待つため、まわりの景色を楽しむため、あるいは起こっていることを見るために足を止めたときには、立ち止まるのに適した場所を探す必要が出てくる。

時を過ごすゾーン――エッジ効果

広い空間に面した建物の前や、二つの空間のあいだにあって、両者を同時に眺めることができる移行ゾーンには、腰を落ち着けて時を過ごしている人の姿が多く見られる。社会学者のデルク・デ・ヨンフェは、オランダのレクリエーション

上および中／アムステルダム（オランダ）とアスコリ・ピチェノで観察された、人びとが立ち止まり、時を過ごす場所

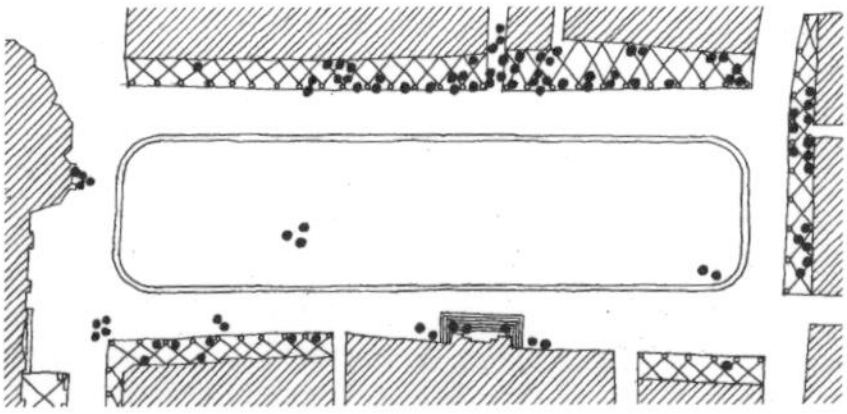

左／イタリア、アスコリ・ピチェノの都市広場調査。立ち止まっている人たちは、広場のへりに集まる傾向がある。人びとは、建物の壁ぎわ、玄関庇の下、壁のくぼみ、柱のわきに立っている

地で人びとが好んで時を過ごす場所を調べ、特色のあるエッジ効果を紹介している[25]。それによれば、人びとが好んで時を過ごすゾーンは、森、浜辺、木立ち、空き地などの縁であり、これに対して広い平地や浜は、縁のゾーンがいっぱいになってからでなければ利用されなかった。都市空間でも同じように、人びとが好んで足を止めるゾーンは、空間の境界に沿ったところや、重なりあった空間のエッジに分布している。

エッジ、すなわち空間の境界ゾーンが好まれるのはなぜだろうか。空間の様子を観察するには、その縁にいるのがいちばんよい。この説明がもっともわかりやすい。エドワード・T・ホールは、『かくれた次元』のなかで、森のへりや建物の壁の近くにいると、他の人やグループとの距離を保ちやすいと述べている[23]。これが第二の説明になる。

空間のまんなかよりも、森のへりや建物のきわにいるほうが体をむき出しにしないですむ。そこなら人や物のじゃまにならない。まわりを見ることができ、それでいてあまり人目につかない。目の前の半円のゾーンを自分のなわばりにしておけばよい。背後が保護されていれば、他人は前からしか近づけないので、監視と対応が楽になる。たとえば、自分のなわばりが侵され、不快に感じたときには、けわしい顔つきをすることによって、それを伝達することができる。

上／エッジが有効に働けば、空間もうまく働く。ブルックリンの住宅街、ニューヨーク

## 活動はエッジから中央にむかって成長する

境界ゾーンは、のんびりする場所として、実用的にも心理的にも明らかに有利な点をいくつも備えている。また、建物のきわの部分は、まわりの建物に住んだりそこで働いている人にとって、屋外で時を過ごせる手近な場所である。仕事を家の外の建物のきわに持ちだすのは、そう面倒なことではない。のんびりするのに使われている場所のなかで、もっとも自然なのは戸口の階段である。そこからは、広い空間に出ていくこともできるし、そのまま立ち止まっていることもできる。心身どちらの面でも、空間のなかに出ていくより立ち止まっているほうが楽である。あとでその気になれば、いつでも出ていくことができる。

このように、出来事は内側から、つまりエッジから空間のまんなかに向けて成長する。子供たちは、集団の遊びを始めるまえに、しばらく玄関のまわりに集まり、それから街路や広場に飛びだしていく。他の年齢の人たちも、はじめは玄関や壁の近くに集まることを好む。そこなら、広いところに出ていくことも家のなかに戻ることも、そのままそこにいることも自由にできる。

クリストファー・アレグザンダーは、『パタン・ランゲージ』のなかで、エッジ効果と公共空間の境界ゾーンについて、経験から得られた知識を次のように要約している〔3〕。「エッジに欠陥があると、空間はけっして生き生きしたものにならない」

## 時を過ごすゾーン――なかば陰になったところ

森のへりの張りだした木々の影でまだらになった背景は、滞留活動にとって好都合なもうひとつの特質を備えている。そこにいれば、なかば陰になったところにひっそりと身を置きながら、一方で広い空間を見晴らすことができる。

都市空間でも、建物の前に列柱廊、ひさし、日よけがついていると、同じように、そこでのんびり時を過ごし、人目につかずにまわりを観察することができる。住宅では、壁のくぼみ、引っこんだ入口、張り出した玄関、ベランダ、前庭の植込みなどが同じ役目を果たす。そこは保護されていて、眺めもよい。

## 立ち止まる場所――よりどころ

時を過ごすゾーンのなかで、人びとは奥まったところ、片隅、門のわき、柱、木、街灯のそばなど、同じように物的なよりどころになるものを注意深く選んで立ち止まっている。これらは、小さな規模で休息場所の輪郭を画定する働きをしている。

南ヨーロッパの街にいくと、多くの広場に車止めの短い柱が立っている。この柱が、どこでも長い時間を過ごすときのはっきりしたよりどころになっている。人びとはそれに寄りかかり、近くに立ち、まわりで遊び、そばに物を置いている。

寄りかかる何か、そばに物を置ける何か。シエナのカンポ広場、イタリア

シエナのカンポ広場では、二つに分かれたゾーンの境に車止めの柱がならび、立ち止まる行動は、ほとんどがそのまわりに集中している。

## よりどころ——屋内と屋外

人びとは、公共空間や不慣れな環境のなかで、よりどころを求めようとする。レストラン、ホテル、始まったばかりで客が壁ぎわや家具の近くに集まっているパーティなどでも、同じような行動を観察することができる。遊びの場面でも同じように、子供たちは初めは家具やおもちゃのそばにいることが多い。

反対に、住宅の近くの公園や芝生広場で「そばに座る」ものがないと、なかなか出ていって芝生の上に座る気になれない。

## 屋外で時を過ごしやすい街では、建物の壁がでこぼこしている

ひとことで言うと、公共空間で時を過ごす可能性を広げるには細部のデザインが重要な役割を果たす。

空間にベンチ、柱、植込み、木立ちがなく、寒々しくがらんとしていると、また建物の壁にくぼみ、すきま、出入口、階段など、興味をひく細部がないと、足を止める場所を探すのがひどくむずかしくなる。

屋外で時を過ごしやすい街では、建物の壁がでこぼこしている

これは、次のような言い方もできる。屋外で時を過ごしやすい街では建物の壁がでこぼこしており、屋外空間にいろいろなよりどころがある。

壁のくぼみは、立ち止まるのに好んで使われる場所である。そこは、半公的であると同時に半私的な魅力ある条件を備えている。そこにいる人は、半分だけ街に参加しており、もっとプライバシーが必要になれば、少し陰に身を引くだけでよい

# 座る

## よい街には座る機会がたくさんある

座る場所が適切に用意されていることは、街や住宅地の公共空間にとって大切な意味を持っている。この点を特に強調しておきたい。

座る機会があって、はじめて落ち着いて時を過ごすことができる。この機会がわずかしかなかったり、貧弱だったりすると、人びとはそのまま通りすぎてしまう。これは、人びとが公共の場で過ごす時間が短くなるだけでなく、魅力とやりがいのある多くの屋外活動が締めだされてしまうことを意味する。

快適に座ることができる機会が用意されると、食べる、読む、眠る、編み物をする、チェスをする、日光浴をする、人びとを眺める、おしゃべりをするなど、公共空間の何よりの魅力になっているいろいろな活動が起こりやすくなる。

これらの活動は、街や住宅地の公共空間の質を大きく左右する。したがって、ある地区の公的環境の質を評価するときには、座る機会が十分に用意されているかどうかを、とりわけ重要な因子として考慮しなければならない。

ある地区の屋外環境の質を簡単な方法で改善したいときには、座る機会の量と質を充実させると、たいていの場合うまくいく。

## 座るのに適した場所

座るという行為が行われるためには、場面、気候、空間に関して、他の行為にも共通する重要な条件がいくつか必要である。これらの一般的な条件については、章を改めて詳しく検討を加えたい。

この行為に特有の条件のうち、座る場所に関するものは、大部分が足を止める活動が行われる空間に求められる条件と同じものである。

しかし、足を止めて立ち止まるのは、どちらかと言えば偶発性の強いつかのまの行為である。それに比べて、座る行為はもっと複雑であり、それだけ求められる条件がきびしくなる。座る活動は、たいてい恵まれた外部環境があるところでしか起こらない。人びとは、座る場所を立ち止まる場所よりはるかに注意深く選んでいる。

## 座る場所の選択

人びとが座る場所を選択するときにも、前章で述べたエッジ効果を観察することができる。座る場所としては、広い空間のまんなかよりも建物の壁ぎわや空間の境界が好まれる。人びとは、立ち止まるときと同じように、物的環境の細かな部分によりどころを求める傾向がある。輪郭があいまいな場所よりも、壁のくぼみ、ベンチの端などの輪郭がはっきりした位置にある座り場所や、背中が保護さ

オープンスペースのまんなかに置かれたベンチは、建築図面の上ではおもしろいが、利用者は明らかに、もっと保護された場所にあるベンチのほうに大きな魅力を感じている。もっとも人気のある座り場所は、オープンスペースのへりである。そこは背中が保護され、眺めがよく、局地気候に恵まれている

れた座り場所のほうが好まれる。

いくつかの研究がこれらの傾向をもっと詳しく説明している。

社会学者のデルク・デ・ヨンフェは、「レストランとカフェにおける座席の好み」という論文のなかで、レストランでは、背後や側面に壁があり、まわりの状況をよく見渡せる席が好まれると指摘している[26]。特に人気が高いのは、屋内と屋外の空間を同時に眺めることができる窓ぎわの席であった。多くの客は、一人のときもグループのときも、壁ぎわの席が少しでも空いていれば、けっして部屋のまんなかのテーブルに着こうとしない。これは、レストランで客を席に案内する係に聞けば、すぐ確かめることができる。

## 座席の配置

座席の配置は注意深く計画しなければならない。ほとんど何も考えずに、なりゆきにまかせて座席の配置を決めている。そうした例がいたるところで見られる。公共空間のなかを気ままに「浮遊」しているような、独創的なベンチ配置を目にすることが少なくない。心理学の初歩を無視した建築術をことさらに披露したものなのか。設計図面の上で「空白恐怖症」に襲われた結果なのか。いずれにしても、これらの空間には独立した「家具」があふれており、座る機会にはことかかないように見えるかもしれないが、実際にはほとんど満足できる座席がない。

座席の配置は、その場所の空間と機能の特質を十分に分析して決めなければならない。できれば、ひとつひとつのベンチや腰掛けが、その場所にふさわしい独自の特質を備えていることが望ましい。壁のくぼみ、片隅など、空間のなかの小さな空間に、そして親密さと安心、また一般に快適な局所気候を備えた場所に、それらを配置すべきである。

### 向きと眺め

向きと眺めは、座る場所を選ぶときに重要な役割を果たす。人びとが公的環境のなかに座るのは、たいていその場所が提供してくれる利点、たとえば特別な位置、広がり、天候、眺めを（できれば全部を同時に）楽しむためである。

まわりで起こっている出来事を見ることができるかどうか。すでに述べたように、座る場所を選ぶときには、これが第一の因子になる。しかし、それだけでなく、太陽と風の向きのように別の因子も関係してくる。十分に保護され、それでいてまわりの活動がよく見える座り場所は、いつでも不都合が多くて利点の少ない場所より人気がある。

オープンスペースのなかに気前よく、やたらにベンチをばらまいても、恩恵を受けるのはベンチの製造業者だけである

### 座席の種類

座る場所についての三番目の条件は、前の二つに比べるとありきたりだが、座席の種類に関するものである。

この条件は人によって異なる。子供と若者は、たいてい座席の種類に対して特別な要求を持っていない。彼らは多くの場合、床、歩道、階段、噴水のへり、フラワーポットなど、どんな場所にでも平気で腰掛ける。これらのグループにとっては、座席そのものよりも全体の状況のほうが重要な意味を持っている。それ以外のグループの人たちは、座席の種類に対して、もっときびしい要求を持っている。

多くの人にとっては、ベンチであれ椅子であれ、適切な座席があることが気持ちよく座るためにどうしても必要な条件になっている。多くの老人にとっては、快適で使いやすいことが特に大切である。座席は、長い時間でも快適に座っていられるだけでなく、腰掛けやすく立ちあがりやすいものでなければならない。

### 基本席

したがって、いろいろな利用者にそこで時を過ごす気持ちを起こさせ、その機会を提供するには、座る機会を多種多様に用意しておかなければならない。それが設備の整った公共空間の条件になる。まず、きびしい要求をもった利用者と、

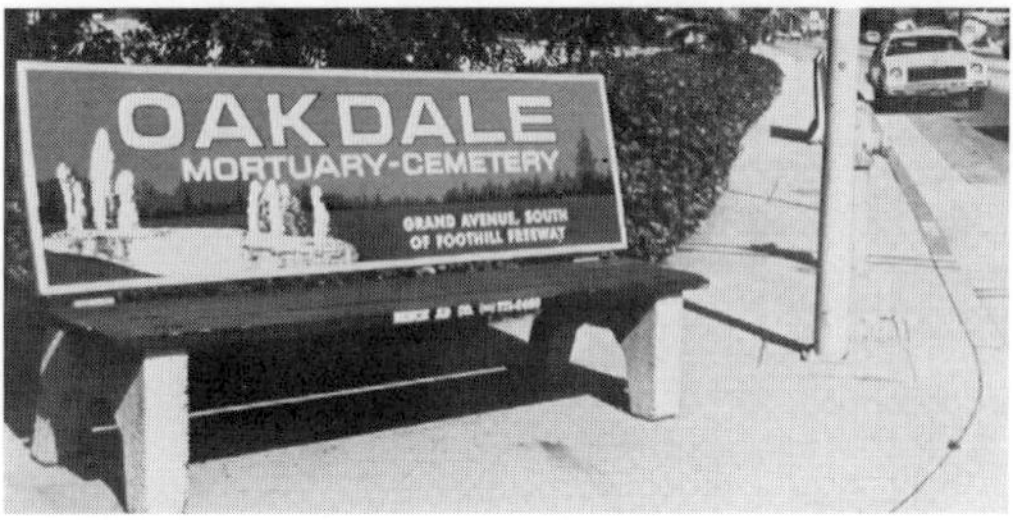


上／入念に設計された街では、もっとも好ましい場所に快適な座る機会が注意深く用意されている（アバディーン、スコットランド）

中および下／座り、休息するのに適した場所かどうかは、ベンチのよしあし、魅力の有無に大きく左右される。すべてのベンチが、この条件を満たしているわけではない（スウェーデン、イエンシェピングとロサンゼルスのベンチ）

座席の需要があまりない場合の双方を考慮して、基本席、つまりベンチと椅子を用意する必要がある。ゆとりが十分にあるときには、いちばん良い場所に置かれた、いちばん快適な席が好まれる。戦略上の重要地点、つまり利用者にできるだけ多くの利点を提供する場所を注意深く選び、そこに十分な数の基本席を配置しなければならない。これが一般要求である。

### 補助席

基本席のほかに、特別にたくさんの座席が必要になったときのために、階段、台座、踏み段、低い壁、箱など、いろいろな形で予備の補助席を数多く用意しておく必要がある。階段は絶好の見晴らし場所にもなるので、特に人気がある。

基本席の数を少なめに抑え、補助席に使える場所をたくさん用意しておく。この関係を念頭において空間を設計すれば、利用者の数が少ないときでも、見た目が貧弱にならないですむ。

季節はずれの街頭カフェやリゾートホテルのように、無人のベンチと椅子がたくさん並んでいると、その場所が人びとにそっぽを向かれ見捨てられでもしたように、憂うつな印象を与えやすい。

補助席

「座れる景観」――多目的な都市ファニチュア

見晴らし場所にもなる大階段、広い段状の台座をもつ記念碑や噴水、同時に二つ以上の目的に役立つように設計された大きな空間要素など、都市空間のなかで多目的に利用できる要素を使って、特別な種類の補助席を用意することができる。

階段、建物の外壁、各種の都市ファニチュアは、一般に、予備の補助席として幅広く利用できるように配慮すべきである。
写真は、シドニー・オペラハウスとパイオニアコートハウス広場（米国ポートランド）の「座れる景観」

いわば「座れる景観」づくりである。

多目的な都市ファニチュア。さまざまな用途に使うことができる外壁。これらのデザインは、街を構成する要素をおもしろくし、都市空間の利用を多彩にする効果を持っているので、いろいろな場所で役立てることができる。

ベネツィアはこの点で注目に値する。この街では、すべての都市ファニチュア、つまり街灯、旗ざお、彫像など、そして多くの建物がそこに座ることができるように設計されている。街のどこにでも座ることができる。

## 一〇〇メートルごとに休息のベンチを

基本席と補助席は、どちらかと言えばレクリエーション目的の座る活動を念頭に置いている。そのほかに、休息のためのベンチを街中に等間隔で配置することも大切である。コペンハーゲンの各地区の住民と話し合いをしたとき、もっとも頻繁に指摘された問題点のひとつは、老人が座ることができる場所が不足していることだった。座るのに適した場所を等間隔で、たとえば一〇〇メートルごとに配置する必要がある。これが、よい街、よい住環境をつくるための経験則である。

一〇〇メートルごとに休息のベンチを。お願いします!

# 見る、聞く、話す

## 見る――距離の問題

他の人びとを見る条件は、すでに述べたように、観察者と対象との距離に左右される。街路があまりに広く、空間があまりに大きいと、ひとつの場所から空間とそこで起こっている出来事を眺めることができる機会は、それだけ少なくなる。全体を見渡せること、そして広く内容豊かな場面を知覚に収めておけることは、多くの場合、きわめて重要な意味を持っている。したがって、大きな公共空間の規模を決めるときには、空間の境界を社会視野の限界に合わせるとよい。このようにすれば、幅広い活動のための場所をそこを使っている人の誰からでも見えるところに用意することができる。

これを成功させるためには、同時にいくつかの社会視野を組み合わせて用いるとよい。たとえば、出来事が見える最大距離（七〇～一〇〇メートル）と、表情が見分けられる最大距離（二〇～二五メートル）を組み合わせることが考えられる。

十分に見るためには、よい見晴らしと遮られずに届く視線が必要である

左上／ストラスブールの大聖堂広場、フランス

年齢を問わず、すべての人が起こっていることを眺められるべきである

左／子供の身長に合わせた幼稚園の窓と、フェリーに設けられた子供用の窓

ケヴィン・リンチは、『敷地計画の技法』のなかで、約二五メートルの空間寸法を居心地がよく、社会関係のうえでも適切な規模であるとしている[37]。彼はまた、すぐれた都市空間には、一一〇メートル以上の空間寸法をもつ例がほとんどないことを指摘している。

南ヨーロッパの中世の都市広場は、ほとんど例外なく、長さと幅がこの二つの数値に近いか、またはそれより小さい。これは偶然の一致ではない。

## 見る——視野と見晴らしの問題

見るための条件は見晴らしと視野、さえぎられずに届く視線の問題でもある。劇場や映画館では、観客席は階段状に設計されていることが多い。講堂では、演壇が皆から見えるように一段高くなっている。

都市空間でも、誰もがその空間で起こっていることを見ることができるように、最適な条件をつくりだすのに同じ原則を積極的に利用することができる。

この点で、中世の都市広場にはよいデザインの例がたくさんある。イタリアの都市広場は、ほとんど例外なく交通の領域より二、三段高くなった歩行者領域を持っている。

シエナのカンポ広場（五七頁参照）では、この原則がとりわけ洗練された形で用いられている。この広場は、全体が競技場の特別観覧席のようだ。それは、貝殻の形をしており、いちばん高いところ、貝殻のへりに沿った建物の壁ぎわに、たたずみ、座る場所がある。

この配置は、車止めの柵のわき、街頭カフェなど、エッジの部分に立ち止まり、座るのに最適な条件をつくりだす。そこでは、立ち止まる場所の輪郭が明確で、背中が保護されており、円形劇場のような都市空間のすばらしい眺めを楽しむことができる。

見る——光の問題

見る対象に十分な光が当たっているかどうか。見るための条件は、それによっても左右される。暗いときでも、公共空間を使うことができるかどうか。それには照明が大きな役割を果たす。

特に、人と人のふれあいにとって重要な対象、たとえば人や顔を照明することが大切である。総合的な快適感と安心感が得られる。人と出来事がよく見える。この二点を度外視しても、歩行者のスペースはいつも十分に、適切な方法で照明されていることが望ましい。

明るいだけの照明は必ずしもよい照明ではない。

よい照明とは、直接光、反射光のいずれの場合でも、顔、壁、街路標識、郵便ポストなどの垂直面に対して、街路面の照明に比べて十分な明るさを与えるもの

マドリッド、スペイン

でなければならない。よい光とは、また温かく親しみやすい光である。

## 聞く

車が通っていた道を歩行者街路に改造すると、いつも人びとの響きに耳を傾ける機会がよみがえる。車の騒音に代わって、足音、声、水のせせらぎが聞こえてくる。再び会話を交わし、音楽、人びとの話し声、子供の歓声を聞くことができる。このような車の通らない街路や古い歩行者中心の街を調査すると、総合的な環境、また体と心の快適さにとって、聞くという行為が大きな価値と重要性を持っていることがわかる。

## 騒音と会話

背景の騒音が六〇デシベルを超えると、通常の会話がほとんどできなくなる。歩道のわきを車が走っている街路の騒音は、たいていこの程度である。したがって、車の多い街路で話をしている人を見かけることはあまりない。まれに会話を交わしている人たちは、ひどく苦労をしている。意思の伝達は、あらかじめ組み立てておいた短い文章を、交通の切れ目に、互いに大声でやりとりするだけになる。このような条件のもとで会話を交わすには、身を寄せあって立ち、五〜一五センチの接近した距離で話さなければならない。このような条件のもとで大人と

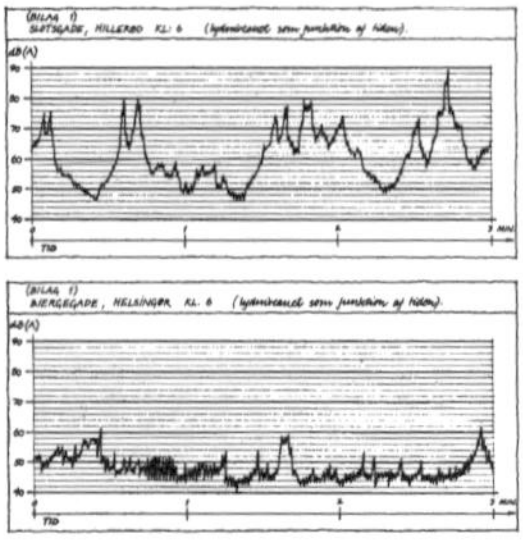


自動車道路と歩行者街路の騒音記録。歩行者街路の騒音水準は、ほぼ五〇デシベル以下である

自動車道路での会話（コペンハーゲン、上）と歩行者都市での会話（ベネツィア、右）

子供が話すには、大人が子供の顔のところまで身を屈めなければならない。この事態は、騒音が大きすぎるところでは、事実上、大人と子供の意思交流が不可能なことを示している。子供は見たことを尋ねることができず、何か言っても返事をしてもらえない。

会話を交わすことができるのは、背景の騒音が六〇デシベル以下のときだけである。声、足音、歌など、社会的場面の一部になっている大小の音を十分に聞くためには、騒音が四五〜五〇デシベルまで下がらなければならない〔1〕。

## 人や音楽に耳を傾ける

ベネツィアに着き、駅の外の階段に立ったときの最大の印象は、運河でも、建物でも、人でも、車が見当たらないことでもなく、人びとのざわめきである。他のヨーロッパの都市で、人びとの物音が聞こえることはめったにない。

コペンハーゲンの歩行者街路を歩いている人にとっても、同じような体験、特に音楽、歌、叫び声、演説を聞けることが、散策を興味深く内容豊かなものにするのに役立っている。コペンハーゲンでは、歩行者街路が導入されてから、自然発生の街頭音楽が目に見えて復活した。いまでは、街頭音楽がこの街の最大の呼び物のひとつになっている。中心街の街路や広場を舞台にして毎年行われるジャズ・フェスティバルは、いまでは文化行事のハイライトのひとつである。車を締めだした空間が導入されるまでは、たいていの場所で何も聞くことができなかった。

### 話す

他の人たちと話すことができるかどうか。それが、屋外空間の質を大きく左右する。屋外の会話には、連れだっている人との会話、出会った知人との会話、見知らぬ人との会話の三つの種類がある。これらは、環境に対してそれぞれ異なった要求を持っている。

### 連れだっている人と話す

友人、家族など同行者と会話を交わす前提条件については、前のいくつかの節で述べた。このような会話は、歩いているとき、立ち止まっているとき、座っているときに行われる。騒音が多いと不都合だが、その点を除けば、場所や状況に対してこれといった特別な条件はない。公共空間での会話の多くは、街を歩きながら話している夫婦、母子、友人など、このタイプに属している。

### 出会った知人と話す

第二のタイプの会話は、友人や知人が出会ったときに発生する。これらの会話は、場所や状況にあまり関係なく行われる。人びとは出会ったところで足を止め、会話を始める。

「そばを通りかかった」友人や隣人との会話は、このタイプに属する。屋外で過ごす時間が長くなれば、友人や隣人が出会い、会話を交わす機会がそれだけ増える。この種のふれあいには、二、三の言葉を交わすだけの短いあいさつから、心ゆくまでの長いおしゃべりまで、いろいろな形がある。生け垣ごし、庭の木戸口、玄関の前など、出会いが起こったところで会話が育つ。家の外で長い時間をのんびり過ごすことができるかどうか。この条件のほうが、会話の成長にとって場所よりも大きな影響力をもつ因子になる。

### 見知らぬ人と話す

公共空間で行われる会話の第三の、どちらかと言えば珍しいタイプは、互いに面識のない人どうしの会話である。この種の会話は、当事者がくつろいでいるとき、特に彼らが同じことをしているとき、たとえば並んで立ったり座ったりしているときや、いっしょに同じ活動に参加しているときに始まる。

互いに知っている人とそうでない人の会話について、アービン・ゴフマンは、『公共空間における行動』にこう書いている[22]。

一般に、知りあいどうしは社交の場で親しく会話を交わすのに理由を必要としないが、面識のない人は理由を必要とする。

### 話題

共通の活動や体験だけでなく、思いがけない珍しい出来事も会話を生みだすのに役立つ。ウィリアム・H・ホワイトは、『小さな都市空間の社会生活』のなかで、この現象を記述するのに三角法という用語を使っている[51]。彼は、大道芸人と観客の相互関係を例に引いている。観客のAとBは、大道芸人Cの技量と腕前を楽しんでいるうちに、ほほえみを交わし、話しはじめる。一種の三角関係が形成され、ささやかだがとても楽しいプロセスが育ちはじめる。

### 会話景観

座る場所、立ち止まる場所のデザインと配置は、会話の機会に直接の影響を及ぼす。エドワード・T・ホールは、『かくれた次元』のなかで、いくつかの研究と観察を引用して、ベンチの配置と会話の可能性を論じている[23]。駅の待合室のように背中合わせ、あるいは大きく間隔をあけてベンチを配置すると、会話は妨げられ、ときには不可能になる。反対に、街頭カフェのようにテーブルのまわりに椅子を接近させて配置すると、会話が起こりやすくなる。

話題（カーニバルの準備風景、コペンハーゲン）

ヨーロッパの昔ながらの列車のコンパートメントにはすぐれた会話景観が見られる。これに対して、飛行機や新しい列車、バスの座席配置は会話を妨げる。そこでは、乗客が前後に同じ方向をむいて座るので、見えるのは同乗者の後頭部だけである。気むずかしい相客と向かい合って座る危険は避けられるが、旅のあいだに親しい会話が始まる機会もほとんどなくなる。

街や住宅地の公共空間を計画するとき、設計者は前述の単純な「背中合わせ」や「向かい合わせ」の配置だけでなく、いろいろな行動を選択できるように配慮してベンチを配置しなければならない。たとえば、曲線のベンチや直角に置かれたベンチは、行動選択の幅を広げてくれることが多い。直角に座っているときには、お互いが関心を持てば簡単に会話を始めることができ、会話を望まなければ、気の進まない場面から簡単に身を引くことができる。

建築家ラルフ・アースキンは、こうした会話景観を指導原理にしてきた。彼は、それを住宅団地のデザインに広く適用した。彼が設計した公共空間のベンチは、ほとんどが二つずつ、テーブルをはさんで直角に配置されている。それは公共空間で仕事や休息をする新しい可能性を生みだしている。こうして座る場所がただ座るだけでなく、それ以外の多くの機能を促進している。

「会話景観」。ベンチが直角に置かれていると、会話に参加しやすくなる（設計＝ラルフ・アースキン）

# すべての点で快適な場所

## すべての点で快適な場所

任意活動、レクリエーション活動、社会活動のすべてに共通する特徴は、外部の条件が立ち止まり、動きまわるのに適しているときだけ、そして身体、心理、人づきあいにとって利点がもっとも多く、不都合が最小のときだけ、その環境がすべての点で快適なときだけにしか行われないという点である。

### 保護の問題

危険や身体への危害から保護されていること、特に犯罪や自動車交通の脅威から保護されていることも場所の快適性の条件になる。

### 犯罪からの保護

犯罪が社会全体の問題になっているところでは、保護に対して重大な関心が寄せられている。アメリカ大都市の都市計画の問題を扱ったジェイン・ジェイコブズの著作のなかでは、この因子が重要な位置を占めている[24]。ジェイコブズは、活動の水準と街路の安全度の関係を調べている。街路にたくさんの人がいれば、互いに保護しあう効果が大きくなる。街路が活気に満ちていれば、出来事に気を配ることが楽しく有意義なので、たくさんの人が窓から街路を眺めている。

この自然の「街路監視」は、安全面で大きな効果を持っている。そのよい例がベネツィアである。この歩行者の街の事故統計を見ると、無数の運河があるにもかかわらず、水死事故は皆無に近い。交通がゆっくりしており、その結果、運河上とその沿岸の活動水準が高いので、事故が起きても、通行人や窓から外を眺めている人の誰かが必ずそれに気づき、救助の手を差しのべることができる。

さらにオスカー・ニューマンは、『まもりやすい住空間』のなかで、一定の地区の犯罪と破壊行為を減らすうえで、街路活動、家のすぐ前でくつろぐ機会、公共空間を見晴らす機会が大切な役割を果たすことを多くの例をあげて詳しく論じている[40]。

公共の場所が自然に監視できるだけでは十分ではない。住民が気持よく使える屋外空間を持っている。輪郭のあいまいな、あまり利用されない無人地帯が広がっているのではなく、通路とオープンスペースが、輪郭のはっきりした共用領域をなし、個々の住宅や住宅群と明快に結びついている。このような場合には、関心と責任感が自然に生まれてくる。それも同じように大切である。

## 自動車交通からの保護

安全性に対するもうひとつの重要な条件は、自動車交通からの保護である。この要求が十分に満たされないと、屋外活動の広がりと性格が大きく制限されることになる。子供は大人と手をつないで歩かなければならない。老人はこわくて街路を横断することができない。歩道の上でさえ、心から安心することができない。

個々の場面で決定的な役割を演じるのは、現実の統計的危険性より、むしろ危険の恐れと不安感である。計画家は、この点を考慮に入れなければならない。したがって、実際の交通安全と交通に対する安心感の双方を注意深く実現する必要がある。

オーストラリアで行われた車が通る街路と歩行者街路の比較調査を見ると、この二種類の街路の安全を、人びとがどう感じているかがわかる。特に車が通る街路では、歩行者が安全のための用心を強いられていることがよくわかる。通常の車が通る街路に住んでいる六歳以下の子供のうち、八六パーセントは大人と手をつないで歩いていた。歩行者街路では、この数字がほぼ逆転し、七〇パーセント以上の子供が自由に駆けまわることを許されていた。

安全と安心感の点で最善の解決法は、歩行者領域に見られるように、車を締めだした状態である。しかし、オランダで導入されたボンエルフの原則、つまり歩行者と自転車優先の街路に低速の自動車交通を共存させる方式も、従来の都市の

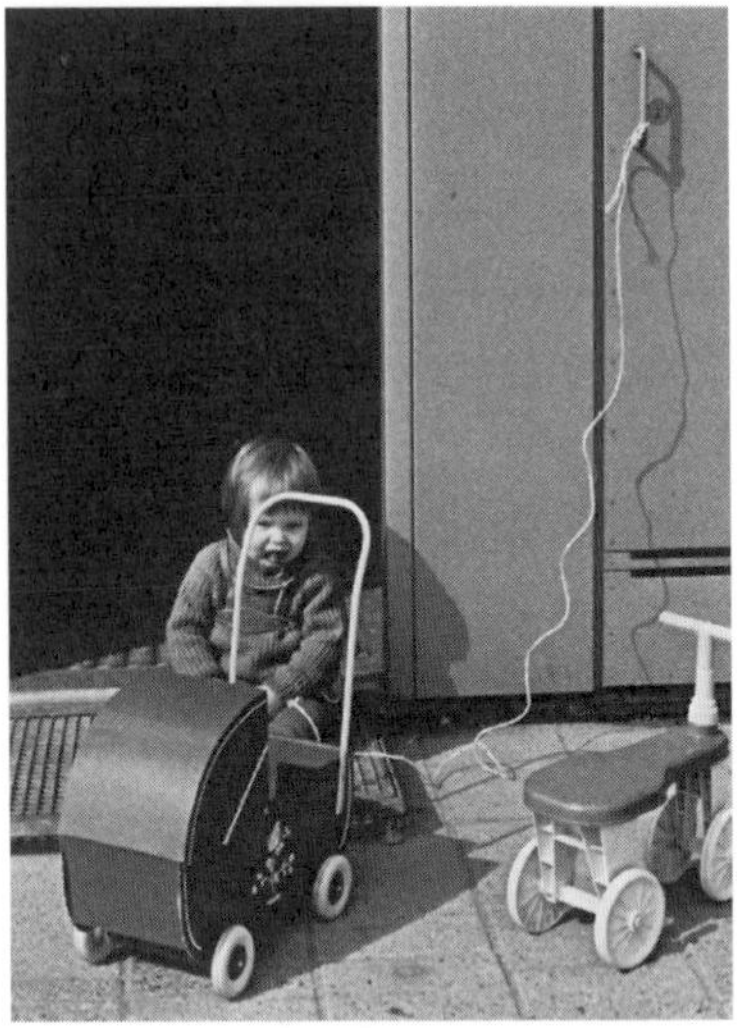

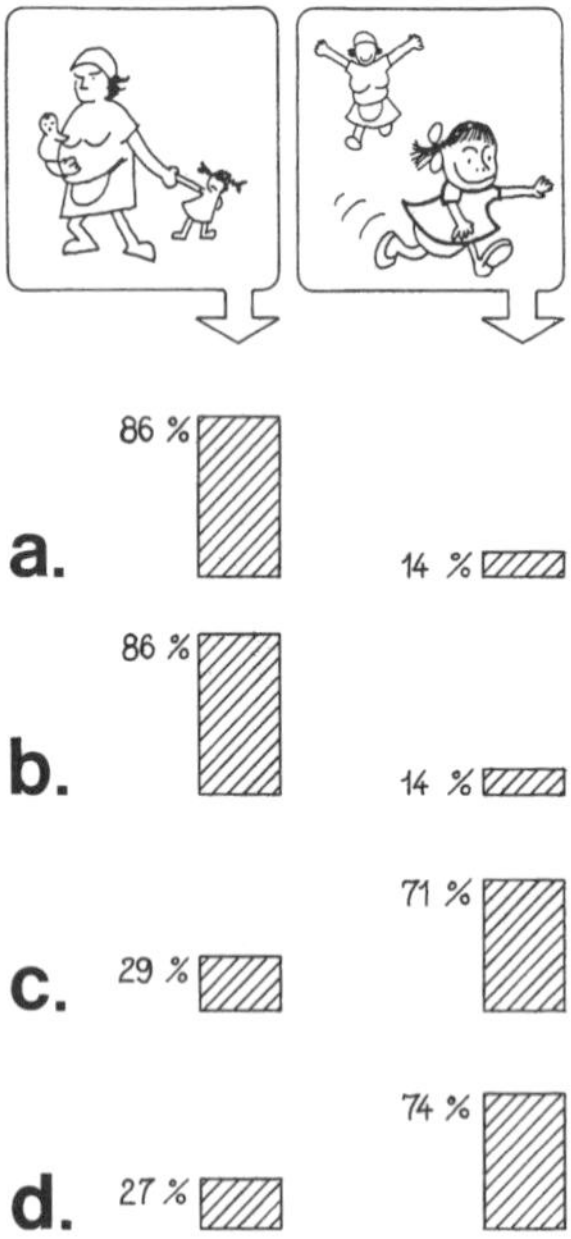


a ＝交通量の多い街路 1，メルボルン
b ＝交通量の多い外路 2，メルボルン
c ＝歩行者街路，メルボルン
d ＝歩行者街路，シドニー

上／不安の代償——オーストラリアの車が通る街路で，六歳以下の子供が受けている制限。交通量の多い街路の歩道では，子供が自由に歩きまわることはほとんど許されていない。これに対して，歩行者街路では親と手をつないで歩いている子供はほとんどいない

車中心の都市では，絶えまない自動車交通の脅威がもっとも切実な問題のひとつになっている

街路に比べると大幅な改善を示している。

## 不快な天候からの保護

快適な場所をつくるには、不快な天候からの保護も必要である。好ましくない気象条件の種類は、国や地方によって大きく異なる。それぞれの地域には、独自の気候条件と文化様式があるので、個々の事例を解決するときには、それを基礎にしなければならない。南ヨーロッパでは、夏の太陽と暑さからの保護が重要な意味を持っている。一方、北ヨーロッパはまったく別の問題を抱えている。

以下の議論は、北ヨーロッパ、特にスカンジナビアの状態を念頭に置いている。そこでは、当然のことではあるが、気候からの保護にとりわけ幅広い関心が寄せられてきた。

しかし、カナダ、アメリカ合衆国の広い地域、オーストラリアでも、問題はヨーロッパの北中部とそう変わらないだろう。

## 気候と屋外活動のパターン

スカンジナビアでは、活動の広がりと性格が気候とのあいだに相関関係を持っている。コペンハーゲンで、一月から七月にかけて歩行者街路の活動を調べた研究がこのことをはっきり示している[18]。この時期、すなわち冬から夏にかけて、歩行者の数は二倍になり、さらに足を止める回数と時間が増えたので、立ち止まっている人の数は三倍になった。同時に、立ち止まってする活動の性格が変化し、足を止めて飲食や見物をする人の数が増えた。街路でのパフォーマンス、展示会などの催し物は、冬のあいだほとんど行われなかったが、暖かくなると、活動パターン全体のなかで大きな役割を演じるようになった。最後に、厳冬期にはまったく見られなかった座る活動が、ベンチのまわりの気温が摂氏一〇度を超えると急に増加した。

一月（摂氏二度）には、人びとの活動の約三〇パーセントが滞留活動、七〇パーセントが移動活動だったが、七月（摂氏二〇度）には、半数を超える五五パーセントが、立ち止まる活動と座る活動になった。歩行者街路が、しだいに立ち止まり座るための街路に変わっていた。

ピーター・ボッセルマンは、サンフランシスコで快適性と気候条件の調査を行った[5]。それを見ると、サンフランシスコとスカンジナビアの事情に興味深い類似点が認められる。

たいていの季節、屋外で快適に過ごすには、日当りと風からの保護が必要である。暖かい日でなければ、吹きさらしや日陰の公園、広場には、ほとんど人影がない。これに対して、よく日が当たり風が遮られている公園や広場は、頻繁に利

右上／風のない雨は、それほど問題ではない。天幕や傘があれば、十分に保護できる（ベネツィア）

左上／屋外空間で何より大きな問題は風である。風が吹くと、身体の平衡を保つのがむずかしく、体温を奪われ、ときには身の危険が生じる

風や強い雨がなければ、寒さから身を守るのはそう困難ではない。気温が低くても、風がなく晴れた日は、一般に気持のよい日と考えられている。

下／コペンハーゲンの広場――氷点下だが、穏やかに晴れた冬の日。日の当たるベンチには、どれも人が座っている用されている。

ウィリアム・H・ホワイトも、ニューヨークの小規模な都市空間における社会的アクティビティを調査し、屋外活動に適した条件を保つには、好ましくない気候条件に対する備えが大切なことを強調している[51]。

### 一年を通じて使えるためには、気候条件からの保護が必要である

気候、快適性、活動パターンのあいだには、密接な結びつきがある。近年、商業の分野では、この点への認識が急速に拡大した。ショッピングセンター、大規模店、ホテルのロビー、鉄道駅、空港では、冷暖房するのが当然のようになっている。

住宅地計画の分野でも同様の開発が進められているが、これまでのところ住宅団地の公共空間を一年中いつでも使えるようにした例はわずかしかない。最近では、商業施設や住宅団地以外の都市空間でも、条件を改善しようとする関心が高まってきた。カナダとスカンジナビアの共同組織「住みよい冬の都市」が推進している出版物と会議はその一例である[42]。しかし、それ以外にはよい例はまだほとんどない。軽率な計画が生みだした、不快な気候条件に出会うことのほうがはるかに多い。

## 気候条件からの保護――都市計画と敷地計画

都市計画と敷地計画の段階で、特に厄介な気候因子の影響を注意深く緩和しておけば、多くの問題を避けることができる。

スカンジナビアでは、最大の問題はいつも風とそれに伴う冷え込みであった。そのため、気候を意識して都市計画と敷地計画を行うことがきわめて重要な意味を持っていた。デンマークの古い町の伝統的な建物は、狭い街路に沿って低い連続した家並みをなしており、建物の背後に小さな中庭が設けられている。こうした低い建物群に西風が当たると、ほとんどの風は上空を通過する。そのうえ建物が低く、小さな屋外空間が太陽の方向を考えて注意深く配置されているので、日当たりはしっかり確保されている。これらの町は、まわりの広々とした田園よりずっと局地気候に恵まれている。年間を通じて、人びとが屋外で快適に過ごすことができる時間もはるかに長い。気候の面では、適切な設計のおかげで、これらの町は何百キロも南に「移転」している。

新しい住宅団地の場合、たとえば分散した一戸建ての住宅地や高層の住棟のまわりでは、局地気候が大幅に低下している。階数の多い建物のそばの屋外空間では、まわりの広い場所より気候がずっと悪くなっている。高層の建物では、二〇～四〇メートルも上空の強風が建物に当たって向きを変え、地表にもろに吹きおろすので、特にそれが著しい。この風は物も人もすべてを凍えさせ、砂場の砂を吹き飛ばす。

デンマークの昔からの住宅地の屋外気候と、そこで時を過ごす機会を新しい高層建築のまわりの状態と比べると、低い連続した家並みでは、高層の建物のそばより二カ月も長く「夏」（屋外の季節）がつづいていることが珍しくない[44]。低層の街では、屋外で快適に過ごせる時間が年間を通じて高層の街の二倍になる。

アメリカとカナダの多くの街では、高層建築の配置と仕上げをおろそかにしたために、北極のような状態がつくりだされている。ピーター・ボッセルマンは、『日光、風、快適性』のなかで、日陰の悪影響のほかに、導流効果、隅部効果、間隙効果など、孤立して建つ高層建築のまわりで風の影響で気候が悪化する八つの例をあげている[5]。ウィリアム・H・ホワイトは、ニューヨークの状態を紹介して、次のような影響を指摘している[51]。

独立して建つ超高層建築は、側面を吹きおろす強風を発生させることが確認されている。それだからといって、こうした塔状の建物が禁止されることはなかった。その結果、予想どおり、しばしば近づけなくなる空間が生みだされた。

気候条件からの保護——細部の計画

都市計画と敷地計画のよしあしによって、このように局地気候が左右され、総

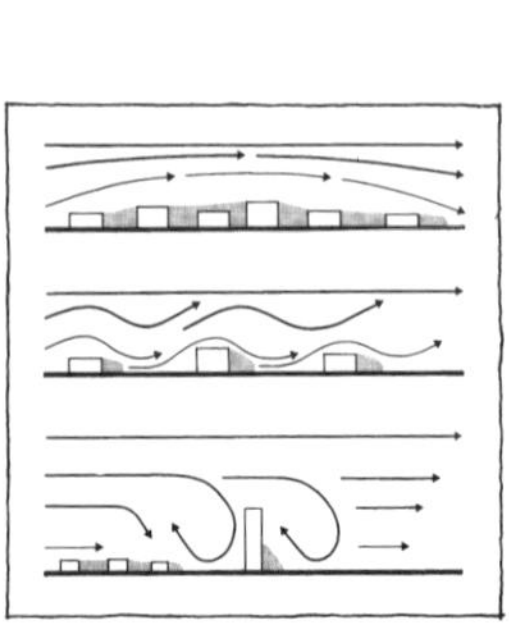

敷地計画しだいで、局地気候が大きく改善されたり、悪化したりする。風は、高さが低く密度が高い市街地では、上空を通過する傾向を持つが、孤立した高層の建物に当たると下に向きを変え、風速が強くなる

上／高さが低く、中程度の密度をもつ住宅地では、年間を通じて、屋外で快適に過ごすことのできる時間が、まわりの田園の二倍は優にある分散した高層の建物の近くでは、たいてい気候が、まわりの田園よりずっと厳しい。
下／スウェーデン南部の高層住宅団地。砂が（そして子供も）吹き飛ばされないように、砂場のまわりに風よけが必要になっている

合条件が改善されたり悪化したりする。しかし、屋外の快適性と屋外で時を過ごす機会に決定的な影響を及ぼすのは、これらの場所や歩行者路の局所気候、すなわち座ろうとしているベンチのまわりの気候や、歩こうとしている歩道上の気候である。したがって計画者は、人びとが歩く経路や屋外の休息場所を、それぞれの場所の局所気候を考慮して適切に配置しなければならない。また、風よけ、植込み、生け垣、屋根つきの場所などをいちばん必要なところに的確に配置し、小さな規模で状況を好転させるように努めなければならない。

### 天候を味わう

不快な気候条件からの保護を図るだけでは、都市活動と天候との関係に十分に対処したことにならない。気候の悪影響を防ぐのは結構なことだ。しかし、いろいろな天候、四季の変化などを味わう機会があるのも悪くない。特に、本人の意志でそれを選ぶことができれば申し分ない。いずれにしても、快適な天候を味わえるのはすばらしいことだ。

### 天候の好ましい面を楽しむ

「狂犬とイギリス人は、真昼の太陽のなかを出歩く」。もっともなことだが、イギリス人は太陽にとりわけ深い関心を抱いている。スカンジナビア人にも同じことが言える。世界の多くの地方で、少なくとも春と秋には、日光に対する同じような愛着が見られる。

天候の好ましい面を楽しみたい。この希望に応えるには気候からの保護の問題を注意深く扱う必要がある。

イギリスとスカンジナビアでは、冬が暗く、それにつづく夏が短く急激なので、人と太陽と緑のあいだに特別な関係が生みだされている。太陽と草木を楽しむことができる期間が短ければ、その願いはひときわ強いものになる。

春の初めには、太陽崇拝が大きく広がる。日が照ると、若者も老人もたくさんの人が日光浴をする。歩行経路の選び方や屋外空間で人びとが占める位置にも、日の当たるところにいたいという願いが反映されている。北欧人は、イタリア人ならとっくに日陰を求めている気温のときでも、無意識に日なたの場所を選んでいる。

北欧諸国では、草木に対しても同じような愛着と尊重が見られる。木々が半年のあいだ葉を落としているところでは、青葉が芽ぶいたときの喜びがそれだけ大きい。人びとは、花や茂みや木々の季節変化をひときわ熱心に鑑賞する。冬が長く夏が短く急激な国々では、庭や大地とふれあう生活が、ヨーロッパの中部や南部よりはるかに大きな役割を果たしている。

これらの国々では、都市計画でも緑がきわめて重要な役割を演じている。イギ

いちばん必要な場所に、ちょっとした手段で、快適な気候をつくりだせることが少なくない

リスの広場には、スカンジナビアの多くの広場と同じように、木々と茂みと芝生と花があふれている。これに対して、南ヨーロッパの広場にはまったく植物がないことが多い。

結論――悪天候に対する十分な保護、好天候の十分な享受

悪天候に対して十分な保護策を立てる。一方、天候がよいときには、日光と好ましい気候条件を十分に味わえるようにする。北ヨーロッパの気候とそれがはぐくんだ独特の文化のもとでは、この二つの要求を同時に満たすことが大切である。世界の他の地方でも、地域の気候条件と文化様式から始め、同じように注意深く評価を行い、細かい部分まで入念に配慮する必要がある。それは容易な仕事ではない。しかし、ほとんどの場合、場所の質のよしあしは気候条件と密接な関連を持っているので、それはどこでも大切な仕事である。

快適な場所――美的特質

ある空間で魅力ある体験をすることができるかどうか。それは、空間のデザインの問題、物的環境がもたらす体験の質の問題でもある。そこが美しい場所かどうか。過去数世紀のあいだに、都市と都市空間の視覚面を主題にした著作が各地で数多く発表された。そうした書物の一冊、一八八九年に出版された有名な『芸

術的原則にもとづく都市計画』のなかで、カミロ・ジッテは建築の質、魅力ある体験、街の使い方のあいだに関連があることを説得力に富む根拠を示して論じた[45]。

### 場所の感覚

ゴードン・カレンは、『都市の景観』のなかで「場所の感覚」の概念を詳しく説明している[10]。彼は、特色のある視覚表現が場所の感覚を生みだすのに役立ち、それを通じて人びとを都市空間に誘いだす効果を持つことを指摘している。

古い歩行者中心の街や空間では、多くの場合、このような空間上の特質を感じとれることが大きな特徴になっている。たとえば、ベネツィアやイタリアの多くの有名な都市広場では、その空間でのアクティビティ、気候、建築の質が互いに支え補いあい、忘れがたい全体の印象をつくりあげている。

これらの例のように、すべての要因がうまく作用する機会をつくることができれば、肉体、心理両面での満足感を生みだすことができる。その空間は、すべての点で快適な場所に感じられる。

春の訪れ（エディンバラ、スコットランド）

# 柔らかなエッジ

## 建物のそばで時を過ごすことができるか、ただ行き来するだけか

建物の表側に、建物の内部と直結した快適な休息場所が設けられていると、建物のあいだのアクティビティが大きく促進される。最終章では、この点をもっと詳しく検討してみたい。もちろん、建物には、楽にそして快適に出入りすることができなければならない。しかし、建物のあいだのアクティビティの広がりと性格にとっては、持続的な屋外活動のための条件がきわめて重要な役割を果たす。

カナダのオンタリオ州南部、キッチナーとウォータールーで、一九七七年の夏、長屋と一戸建ての一二の街路を対象に街路活動の調査が実施された[20]。それを見ると、この問題がよくわかる。調査では、一二の街路のそれぞれ九〇メートルの区間について、平日の一日間に玄関、前庭、街路で行われた活動の数と種類が記録された。また、個々の出来事の持続時間も記録された。

一二の街路で起こった出来事の数を見ると（図1）、徒歩または車で行き来する活動が全活動の五二パーセントを占めている。

個々の活動の平均持続時間を見ると（図2）、こうした「往来」活動は持続時間がきわめて短い。これに対して、一休みする、何かをする、遊ぶなど、各種の滞留活動はもっと長くつづいている。（「往来」活動としては、歩行者や運転者が街路上にいる時間、言い換えると歩行者が対象区間を出ていくまでの時間、または運転者が車とのあいだを行き来する時間を測定している。）これらの街路について、建物のあいだのアクティビティの本当の姿を明らかにするには、活動の数と個々の活動の平均持続時間を併せて考えなければならない（図3）。数のうえでは多数の「往来」活動も、数と時間を掛けあわせると、全屋外時間の一〇パーセント強を占めているにすぎない。一方、滞留活動は九〇パーセント近くに達する。

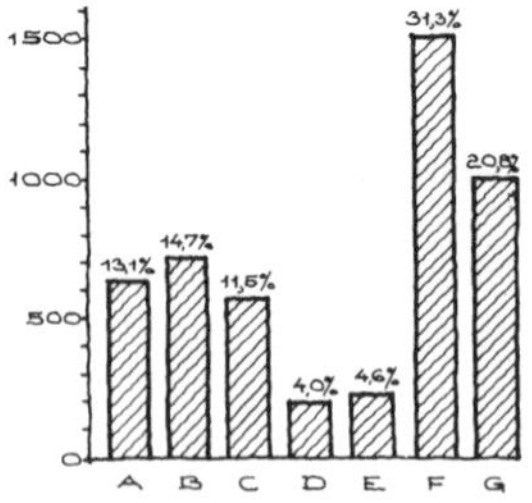


図1　屋外活動数

図2　活動の平均持続時間

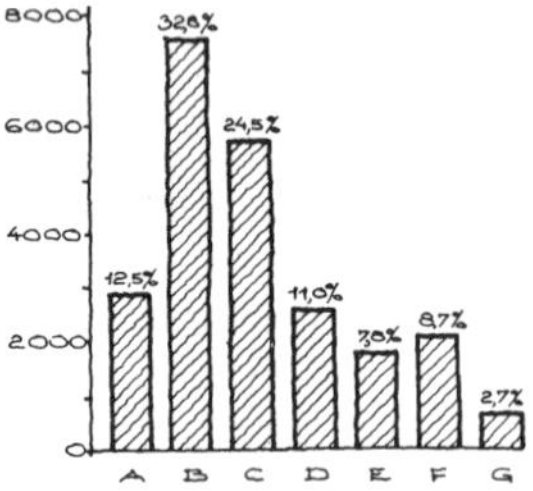


図3　12の街路で過ごされた総時間数（単位＝分）

A 出入りする
B のんびりする
C 何かする
D 遊ぶ
E 地区内を歩きまわる
F 徒歩で行き来する
G 車で行き来する

グラフは、オンタリオ州ウォータールーとキッチナーの一二の住宅街で、各種の屋外活動の頻度と持続時間を記録したものである。

数のうえでは、「往来」活動が、一二の調査街路で起こった全活動の五〇パーセント以上を占めているが（図1）、街路に活気を与えているのは滞留活動である。

滞留活動は、持続時間が長いので、街路で過ごされる全時間の九〇パーセント近くを占めている（図3）

このテーマは第二部で取りあげたが、本章でもう一度強調しておきたい。数が少なくても長くつづく活動は、建物のあいだのアクティビティや隣人と出会う機会を十分に生みだすことができる。それは、数は多いが短い活動に比べて勝ると

屋外で過ごす時間が長くなれば、街が生き生きする

写真はトロントの代表的な街路風景。住宅は、互いに適度に接近しており、街路に面して半私的な玄関を持っている

も劣るものではない。これは、建物の表側に立ち止まり休息するのに適した条件を用意する必要があることを強く示している。

持続時間の短い「往来」活動しか行えないとしたら、どのような種類の活動が姿を消すことになるだろうか。それを詳しく見ると、こうした空間の必要性がいっそうはっきりする。

これが出発点である。それでは、各種の住宅において、そのまわりで行われる屋外活動の広がりと性格にとって、どのような物的要因がどのような影響力を持っているのか。次にそれを検討してみよう。

もっとも重要な要因の一部は、左記の三点に要約することができる。

・出入りのしやすさ
・家のすぐ前にある、時を過ごすのに適した場所
・家のすぐ前にある、活動の対象

高層の建物――往来活動はたくさんあるが、滞留活動はわずかしかない

住まいは出入りしやすいものでなければならない。屋内と屋外の行き来が簡単にできないと、たとえば出入りに階段やエレベーターを使わなければならないと、屋外に出かける回数が目立って少なくなる［19・39］。もちろん、高層建築の住人も、

住んでいる階数とは無関係に家から出たり入ったりしている。それによって幅広い「往来」交通が生みだされている。しかし、階段を下りて公共領域に出かけていくのはひどく面倒なので、屋外の滞留活動、特に自然発生の短い活動がそれだけ低調になる。

さらに、高層建築のそばの屋外空間は、この住宅形式そのものに由来する特殊な使われ方をするために、たいていの場合、個人の生活とはかなり縁遠い性格を帯びている。これらの空間は公共性の強いものになっている。子供のためには、いろいろな遊びの機会が用意されている。しかし、一般に大人にはあまりすることがない。固定されたベンチと散歩道はあるかもしれないが、それ以上のものが用意されていることはほとんどない。そのたびに家から物を出し入れするのは大変わずらわしいので、住人が自分の家具、道具、おもちゃを利用するのはほとんど不可能である。このような条件のもとでは、数の面でも性格の面でも、屋外活動は大幅に制限されてくる。

高層住宅には、実際はたくさんの人が住んでいるのに、そのまわりに屋外活動がわずかしか見られないのはなぜだろうか。これらの要因がその理由を説明してくれる。住人は行き来しているが、それに伴って起こるはずの活動が発展の機会をつかむことができない。

多くの高層住宅団地では、空間がおおまかで、屋内と屋外の結びつきが貧弱なので、屋外空間の利用が大幅に落ち込んでいる。一般に、高層住宅につきものの障害を克服するには、かなりの決意と努力が必要である（西コペンハーゲンの日曜風景）

建物のそばで時を過ごすことができるか、ただ行き来するだけか
コペンハーゲンの隣接する二街路。
上および中／柔らかいエッジをもつ街路では、平日の一日を通じて、活動の量が下の街路の三倍になる
[19]
下／堅いエッジの街路——短時間の行き来だけに適している

### 低層の建物――たくさんの滞留活動が「流れ」をつくっている

一方、屋外空間と直結している低層住宅のまわりには、家の内外の出来事が自由に「流れだし」「流れこむ」機会が備わっている。高層建築の場合と違い、人びとはいろいろな決心や準備をしないでも外に出ることができる。ちょっとした暇があれば、外で起こっていることを見たり、ポーチでお茶を飲みに気軽に「飛びだす」ことができる。

オーストラリアのメルボルンで前庭のある長屋街を調査した結果[21]によれば、住宅の街路側で観察された屋外滞留の四六パーセントは、持続時間が一分未満であった。住人は、一日中、家と前庭と歩道のあいだを行き来していた。そこでは気軽に外に出ることができ、話相手がいなければ、またしたいことがなければ、同じように気軽に家のなかに戻ることができた。

このような条件のもとでは、いろいろな形の屋外滞留が大きく発展する機会に恵まれている。たくさんの人がちょっと屋外に出るところから始まって、大きな出来事が自然に育つことができる。

### 屋内と屋外の連結――機能面と心理面

屋外空間の利用を促進するには、さらに住宅、屋外空間、出入口のさまざまな細かいデザインが大切である。住宅が低層であるだけでは十分でない。住宅のプ

公的空間と私的空間のあいだの穏やかなアクティビティの流れ（アムステルダムのスポーレンブルグ島、オランダ）

ランは、活動が家から自由に流れだせるように設計されていなければならない。これは、たとえば台所、食堂、居間などから住宅の街路側にある屋外空間に直接通じる扉が必要なことを意味している。一方、屋外空間は、屋内の居室に直接面して置かれていなければならない。出入口そのものは、機能的にも心理的にもできるだけ通過しやすいように設計されていなければならない。

廊下、余計な扉、そして特に屋内と屋外の高低差を使うべきではない。一般に屋内と屋外は同じ高さにすべきである。そうして初めて、出来事が容易に流れこみ、流れだすようになる。

住まいのすぐ前に時を過ごす場所を

多くの住宅地では、なぜ家の前であまり活動が行われていないのだろうか。屋外での滞留がもっとも起こりやすいところ、すなわち玄関やその他の同じように出入りしやすいところに、屋外で時を過ごすのに適した場所が用意されていない。明らかに、これが理由のひとつである。

玄関扉のそばに座る場所を

玄関扉のすぐそばに、風雨から保護され、街路がよく見えるベンチを設ける。これは控えめだが、建物のあいだのアクティビティをもり立てる効果的な方法である。玄関扉は一日中、また一年中、頻繁に使われている。ここに魅力ある便利な座り場所が用意されていれば、大変活発に利用されるだろう。経験がそれを裏づけている。

## 半私的な前庭——滞留活動のための恵まれた機会

家と街路のあいだの移行ゾーンに半私的な前庭を設け、屋外で時を過ごす機会を用意すれば、建物のあいだのアクティビティをいっそう強化することができる。

家と街路のあいだにこうした前庭があると、屋外活動と街路アクティビティが活発になる。先に紹介した一九七六年のメルボルンの調査〔21〕が、この点をはっきり示している。

オーストラリアの都市の旧市街地に建つ伝統的な建築形式は、低層の連続住宅で、街路に面して玄関と小さな前庭、背後に私的な裏庭を持っている。家の表と裏のどちらで時を過ごすか。前庭と裏庭をもつこの住宅形式では、それを自由に選択することができる。

オーストラリアの調査は一七の長屋街を対象にしている。そこでは、前庭が街路空間での活動にきわめて重要な役割を果たしていた。また、家の前に半私的な屋外空間があると、屋外の滞留活動と隣人どうしの会話にとって、とりわけ都合のよい条件が生みだされていた。

オーストラリアの半私的な前庭
メルボルンなど、オーストラリアの都市の古い市街地では、ほとんどの家が、ほどよい大きさの半私的な前庭を持っている。

家の街路側で観察された活動のうち、会話の六九パーセント、受け身の屋外活動（立ち止まる、座る）の七六パーセント、活発な屋外活動（何か、たとえば庭仕事をしている人たち）の五八パーセントが、玄関、前庭、または前庭と歩道のあいだの柵のところで行われていた。

メルボルンの調査の観察結果を詳しく見ると、屋外で時を過ごす機会にとって、前庭が特に大切なことがはっきりわかる。住宅のすぐ前に、適切な大きさとデザインをもった半私的な前庭が用意されているところには、住人の手で常設の使いやすい休息場所がつくられ、屋根、風よけ、快適な椅子、照明などが取りつけられている。

さらに、こうした半私的な前庭があると、家具、道具、ラジオ、新聞、コーヒーポット、おもちゃなどを屋外に持ちだし、次に使うときまでそのままにしておくことができる。

また、この調査は細部のデザインが大切なことをはっきり示している。前庭は、快適な休息場所をつくるのに適した大きさとデザインを備えていなければならない。メルボルンの前庭の多くは、この点で大変すぐれていた。そこでは、住宅が歩道から三〜四メートル離れて建てられていた。この距離だと、家の前に座っている人のプライバシーをある程度守ることができ、その一方で、街路で起こっている出来事とのあいだに交流を保つことができる。

前庭は、屋外で時を過ごすのに適した機会を提供し、小さな花壇はおりおりの庭仕事の舞台になる。これらの要因は、きわめて生き生きとした多彩な街路アクティビティを生みだすのに役立っている［21］

街路側に設けられた低い垣根は、半私的ゾーンと街路の明快な境界をなしているると同時に、そこにもたれて気軽に街路の左右を見まわしたり、近所の人とおしゃべりするのに都合のよい場所を提供してくれる。調査対象の街路では、観察された会話の半数に、垣根にもたれた人が参加していた。

他の地区の前庭と比較すると、前庭の細かいデザインの重要性がはっきりする。アメリカ、カナダ、オーストラリア、そしてヨーロッパの多くの郊外住宅地では、歩道から六〜八メートル下がったところに一戸建ての住宅が並んでいる。これらの前庭は駐車場と芝生になっており、街路とのあいだには垣根がない。六〜八メートルも後退すると、街路との距離が大きくなり、家の近くの場所と街路で起こっている出来事のあいだに交流が成立しなくなる。また、住人がまわりを眺めたり、隣人と何か話したくなっても、寄りかかる垣根がない。さらに郊外住宅地では、住宅が分散しすぎているので、近所の人がそばを通ることはないかもしれない。そうであれば、半私的な前庭を設けても意味がない。

## 半私的な前庭——何かすること、何か話すこと

休息スペースと小さな花壇のある前庭には、もうひとつの重要な特質が備わっている。そこには、家の前でしばらく時を過ごしたくなったときに、いつでも有意義に時間を使える手仕事がある。これらの仕事、たとえば花に水をやる、ポー

上／トロントの古い住宅地では、近接して建ちならぶ都市住宅が独特の表情をつくりだしている。どの家も庇つきの玄関を持ち、わが家の前で、気持よく椅子に腰掛けることができる。駐車場は、人目につかない裏庭に置かれている
下／古い地区に新しい住宅が建てられると、街路とのあいだに、しばしば駐車場と車庫が割り込んでくる。その結果、街路が破壊され、街路アクティビティのない無人地帯が生みだされる

チの掃除をする、芝生を刈る、垣根の塗装をするといった仕事は、それ自体が趣味のよい有意義な活動だが、それと同時に、まとまった時間を屋外で過ごすための理由や口実にもなる。

庭仕事と家の手入れは、こうした楽しい二重の機能を持っている。このことは、メルボルンで行われた前庭の調査でもはっきり実証された。花に水をやる。歩道の掃除をする。これらの活動は、しばしば必要と思われる時間よりはるかに長い時間をかけて行われていた。近所の人が通りかかると、さっそく仕事が中断され、垣根ごしにおしゃべりが始まった。誰かが何かをしているときには必ず話題がある。「お宅のバラが今年は立派に咲きましたね」

家の前の数平方メートルと遠くの広い場所

家のすぐ前の屋外空間は、たとえ小さなものでも、行きにくい大きなレクリエーション用地よりはるかに活発に、また多彩な用途に利用される。カナダ、オーストラリア、スカンジナビアで、半私的な前庭のある長屋地区を調べた研究がこのことをはっきり示している。これは、スポーツ用地、広い芝生、都市公園が不必要だということではない。しかし、「隣接する」レクリエーション空間のために、必ず用地と予算を残しておく必要があることを示している。家の前の適切に設計された数平方メートルは、たいていの場合、遠くの広い場所より役に立ち、頻繁に利用されるだろう。

## 柔らかなエッジ——新しい住宅地で

屋外活動は即興で行われることが多く、うつろいやすい性格を持っている。この点を理解し、それに適した物的条件を明らかにすることは、当然、いろいろな形の新しい住宅地を計画するうえで役に立つだろう。建物の密度を適度に高め、建物の高さを適度に低くする。そのための有力な論拠をここに求めることができる。子供が他の子供たちと遊び、ふれあいを持てるように、最善の機会を確保してやりたい。その他の年齢層の住民にも、体験とふれあいの十分な機会に加えて、屋外でいろいろなレクリエーションを行う機会を与えたい。そのためには、出来事が家に流れこみ、家から流れだせることが大切である。また、家のすぐ前に、休息する場所と活動にたずさわる機会が用意されていることが大切である。このようにすれば、小さな即興の出来事に、大きく発展する可能性が生まれる。たくさんの小さな出来事から、大きな出来事が育つかもしれない。

スカンジナビアでは夏が短いので、屋外のレクリエーション活動が特に重視されている。そこでは、高層住宅と一戸建ての住宅に対する関心が衰え、高密低層の住宅形式に対する関心が急速に高まっている。デンマークでは、いまや高密低層の住戸群をクラスター状に集合させた団地が、住宅建設の主役になっている。

これらの新しい住宅を見ると、初期の連続住宅の団地に比べて、街路側の屋外で時を過ごす機会が大きく拡大している。

この種の新しい住宅団地のもっとも良い例のひとつは、一九七〇年代中ごろにコペンハーゲンの西に建設された約七〇〇戸の賃貸住宅地、ガールバケンである[12]。そこには、一〇〜二〇戸の住宅が幅三メートルの通りをはさんで配置されている。通りと住宅のあいだには、奥行き四メートルの半私的な前庭が置かれている。前庭は住民の手で整備され、草花が育てられており、屋外活動の面でもきわめて重要な役割を果たしている。すべての住宅には半私的な前庭だけでなく私的な裏庭が備わっているが、子供たちは通りに面した前庭で遊び、それ以外の屋外活動も大部分がそこで行われている。一九八〇〜八一年に行われた屋外活動の調査[19]によれば、住民は裏庭の二倍の頻度で前庭を利用している（五一頁参照）。

ラルフ・アースキンがスウェーデンとイギリスに設計した住宅団地でも、屋内と屋外のあいだの移行ゾーンに、同じように注意深いデザインが見られる。玄関扉のそばに備えつけられたベンチ。連続住宅の前の小さなテラスがついた前庭。高層住宅の階段のすぐ前に設けられた休息スペース。これらは、彼の住宅団地を質の高いものにするうえで、重要な働きをするデザイン要素になっている。

左頁／半私的な前庭、コペンハーゲンのガールバケン
一九七二〜七四年に建設されたコペンハーゲン南部の公共住宅団地ガールバケンでは、各住戸に半私的な前庭と裏庭が設けられている。駐車場は団地の外周に置かれており、内部の交通はすべて徒歩で行われる（設計＝A＋J・エルム・ニールセン、ストーガール、マークセン）
右上／敷地図
上および中／歩行者専用の「通り」をはさむ住戸群の断面図・平面図、領域構成の模式図、裏庭側の写真
下／通りに面した半私的な前庭。使いやすい前庭のおかげで、この住宅団地では、隣の団地より屋外活動が三五パーセントも多くなっている（五一頁参照）

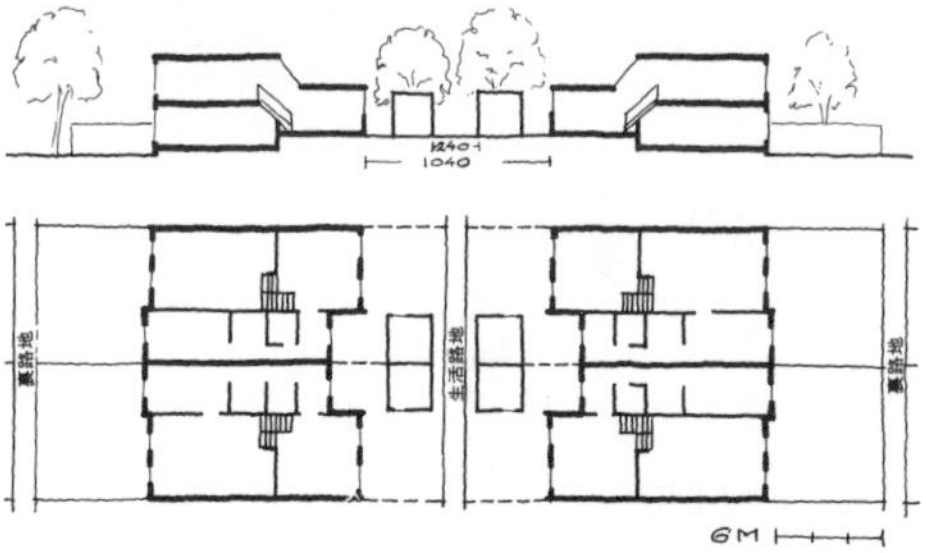
1240
1040
裏路地
生活路地
裏路地
6M

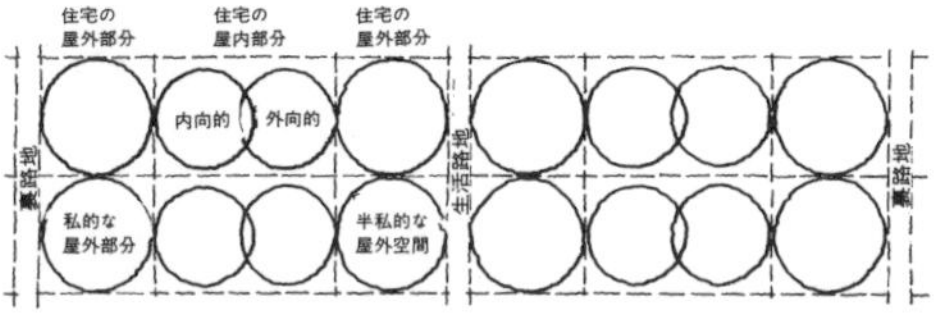
住宅の
屋外部分
住宅の
屋内部分
住宅の
屋外部分
内向的
外向的
裏路地
私的な
屋外部分
半私的な
屋外空間
生活路地
裏路地

## 柔らかなエッジ——既存の住宅団地で

いま新しい住宅地の建設に広く用いられている原理は、当然、既存の住宅の改良にも応用することができるだろう。低層の一戸建て住宅は、多くの場合、家の前に適切なデザインの休息場所を設けることによって、エッジ（境界領域）を柔らかくすることができる。

オーストラリアの最近の公共住宅政策は、半私的な前庭をもつ低層住宅を重視するようになっている。この理念自体は、一五〇年以上の実績と現在でも通用する有効性を持っている。新しい住宅の背後には、以前のあまり成功しなかった政策の産物が見える（メルボン）

ニューカッスルのバイカー団地、一九六九〜八〇年（設計＝ラルフ・アースキン）
上／公共空間のエッジがうまく働けば、空間もうまく働く。注意深く設計された境界ゾーン——小さなテラス、小さな庭、戸口のそばのベンチ、隣とのあいだの垣根
下／バルコニー、玄関脇のくぼみ、小さなベンチ、小さな花壇、台所の窓から「少し離れた」隣人——単純だが、とても実用的な細部

高層住宅では屋内と屋外の出入りが面倒なので、屋外の条件を改良しても、低層住宅の場合ほど利用が促進されないかもしれない。しかし、既存の高層住宅でも、そばに屋外で時を過ごす機会を用意すれば、一定の効果をあげられることが多い。

たとえば、それぞれの階段室の入口の前に、その階段を利用する住人のために休息場所、遊び場、花壇のある半私的な前庭を設けることができる。

各地で比較的新しい高層住宅地を対象に、こうした改良が行われている。スウェーデンのマルメに一九六〇年代に建設された高層の住宅団地、クロックスベックとローゼンゴルデンでは、一九八〇年代前半から大がかりな改良が進められた。

これらの団地では住棟を区分し、輪郭のあいまいな大きな空間を小さな構成単位に明快に分割する試みが行われた。この分割を強化するために、団地全体に属する空間、数棟の建物に属する空間、個々の階段室に属する空間、一階の住戸に属する空間など、輪郭のはっきりした三、四種類の公共空間が設計されている。

また、この二つの団地では、住宅のすぐそばの空間を輪郭のはっきりした居心地のよいものに改良する努力が払われた。それによって、屋外空間の利用の可能性がもっとも大きなところに、足を止め休息する良好な機会が生みだされている。

スウェーデンのマルメに一九六〇年代中ごろに建てられた公共住宅団地クロックスベックは、一九八〇年代中ごろに大がかりに改良された団地のひとつである。これらの団地では、屋外空間、出入口、建物まわりの一階部分の改良に、特に大きな努力が払われた。
上／改良前の住棟
中／住棟玄関と半私的な前庭
右／改良後の住棟

## 柔らかなエッジ——あらゆる種類の環境で

住宅地で屋外の滞留活動を強化するのに有効な設計原理は、他の種類の多くの建築や都市機能にも応用することができる。

歩行者が都市施設に出入りしている。屋外で時を過ごす機会が建物内の機能の役に立っている。そのような場所ではどこでも、屋内と屋外のあいだに十分な結びつきを確立し、それに建物の前の適切な休息場所を組み合わせることを当然の条件として考えなければならない。

日常の活動が行われる場所に、屋外で時を過ごす機会を用意したい。それは、新しい住宅団地でも、既存の住宅地でも、中心市街地でも、例外なくその機能と建物のあいだのアクティビティを大きく育てる貴重な力になるだろう。

右頁／柔らかなエッジ——あらゆる種類の環境で

# 訳者あとがき

都市には昔から、価値体系を共有する人びとがふれあいを求めて出かける場所が、何か所もあった。このような場所は、つねに路上劇場のようなものであり、人びとが自然に集まり、他人を眺めたり、ぶらぶら歩いたり、店をひやかしたり、油を売ったりする場所であった。

C・アレグザンダー『パタン・ランゲージ』

旅をすると、あちこちで、このごろ街がきれいになったと思う。市役所や市民ホールの前には、立派なモニュメントを飾った広場がつくられ、いろどり豊かに舗装されたショッピングモールには、洒落たデザインのストリートファニチュアが並び、住宅地には、ゆったりした歩道をもつコミュニティ道路が整備されている。日本でも、都市空間の質的側面への配慮が定着してきたと言ってよいだろう。

しかし一方で、きれいに整えられたこれらの空間がしらじらしく見えたり、借りもののように浮き上がって感じられることが少なくない。典型的なのは、広場や街路だけが立派に整備され、まわりの街並みがひどく貧相になってしまっている風景である。そんな場所には人影がまばらだったり、足早に通り過ぎていく人しかいないことが多い。

街の主役は人間である。この単純な事実を再確認しておく必要がある。見た目にきれいな空間をつくっても、人びとがそこで気持よく過ごすことができなければ意味がない。また、広場や街路を利用する人たちにとって、それは周囲から孤立したものではない。都市空間は、建物のあいだの空間にほかならない。まわりにどのような建物が並んでいるのか。それによって、空間の性格が大きく変わってくる。立派な銀行やオフィスより、小さな商店の並んでいる街路の方が、たいてい活気とにぎわいに満ちている。

街に生き生きした「ふれあい」を育て、人びとに喜びを与えることのできる都市空間を実現するにはどうすればよいのか。この問題を考えている人にとって、この本は具体的な手がかりの宝庫になるだろう。

ゲールは本書の冒頭で、都市空間を舞台にした屋外活動を、義務的に行われる必要活動、レクリエーションとして行われる任意活動、他の人びととの交流を伴う社会活動の三つの型に分類している。中心に据えられるのは「ふれあい」を生む社会活動とそれが織りなすコミュニティの織目だが、それはまた人びとの共通の関心といった社会的条件に規定され、物的空間だけで人の交流を育てることはできない。一方、任意のレクリエーション活動は、屋外空間の質に大きく左右される性質を持っている。そして、散歩をする、にぎわいを楽しむ、日向ぼっこをするなどの任意活動は、出会いの機会を生み、社会活動を誘発する働きをする。

人は出会いを求めて街に出る。出会いは、都市のもっとも大きな魅力のひとつである。他の人びとといっしょにいる、それだけで自然に生まれてくるふれあいは、つかのまのものであることが多い。しかし、日常活動のなかで出会いが頻繁になれば、そこからもっと密度の濃い多彩なふれあいが育つだろう。「人は人のいるところに集まる」。そして、一＋一が三以上になる。

ゲールが扱っているのは特別なイベントではない。彼は、私たちの身のまわりの屋外空間とそこでの日常の活動に焦点を当てている。そして、建物のあいだのアクティビティを豊かにはぐくむための条件を、都市のスケールから街角のディテールまできめ細かく論じている。私たちのまわりには、かくれた可能性が無数にある。それを解き放つことができたとき、街は生き生きした喜びに満ちたふれあいの舞台になるだろう。

訳者の手元には、原著 Jan Gehl, *Livet mellem husene: udeaktiviteter og udemiljøer*, Arkitektens Forlag, Copenhagen, 1987（192p.）と Jo Koch による英訳版 *Life Between Buildings: Using Public Space*, Van Nostrand Reinhold, New York, 1987（202p.）の二

冊がある。両者の構成は共通しているが、後者のほうが新しい研究成果と事例を補い、ページ数が若干多くなっている。本訳書は、この英訳版を底本にしている。「はしがき」に述べられているように、本書の初版は一九七一年に出版された。手元にはこの版がないが、『建築文化』（一九七五年二月号）に竹山実氏による抄訳が掲載されている。それを見ると、ゲールの主張がまだ「孤立した努力」だった時代から、都市空間の人間化が一般的な価値観になった時代への推移を反映して、一九八七年版の内容は、屋外活動のタイプ、アクティビティと物的環境の関係、各レベルでの設計条件などを、より体系だてて整理したものになっている。

本書のデンマーク語の原題は『建物のあいだの生活――屋外アクティビティと屋外環境』である。しかし、このままでは日本語として冗長であり、また内容を的確に伝達できない懸念があったので、編集者の意見に従い、訳書のタイトルは『屋外空間の生活とデザイン』にした。

最後に、本書の出版を企画し、いっこうに進まない翻訳に辛抱強くつきあい、適切な助言をしてくださいました鹿島出版会の吉田昌弘氏に、この場を借りてお礼を申し上げます。

一九九〇年一月

伊勢湾に臨む窓辺で　北原理雄

Copenhagen, 1974. Part 2 by: Aalborg Universitetscenter, ISP, Aalborg, 1976.
29. Krier, Leon. "Houses, Palaces, Cities." Architectural Design Profile 54, *Architectural Design* 7/8 (1984).
30. Krier, Leon. "The Reconstruction of the European City." RIBA *Transactions* 2 (1982): 36-44.
31. Krier, Leon. et al. *Rational Architecture*. New York: Wittenbom, 1978.
32. Krier, Rob. *Urban Space*. New York: Rizzoli International, 1979 (黒川雅之・岸和郎訳：都市と建築のタイポロジー，エー・アンド・ユー，1980).
33. Krier, Rob. "Elements of Architecture." Architectural Design Profile 49, *Architectural Design* 9/10 (1983).
34. Krier, Rob. *Urban Projects* 1986-1982. IAUS, Catalogue 5. New York: Institute for Architecture and Urban Studies, 1982.
35. Le Corbusier. *Concerning Town Planning*. New Haven: Yale University Press, 1948.
36. Lyle, John. "Tivoli Gardens." *Landscape* (Spring/Summer 1969): 5-22.
37. Lynch, Kevin. *Site Planning*. Cambridge, Mass.: MIT Press, 1962 (山田学訳：新版・敷地計画の技法，鹿島出版会，1987).
38. Lövemark, Oluf. "Med hänsyn til gångtrafik" (Concerning Pedestrian Traffic ). *PLAN* (Swedish) 23, no. 2 (1968): 80-85.
39. Morville, Jeanne. *Planlægning af børns udemiljø i etageboligområder* (Planning for Children in Multistory Housing Areas). Danish Building Research Institute, report 11. Copenhagen: Teknisk Forlag, 1969.
40. Newman, Oscar. *Defensible Space*. New York: Macmillan, 1973 (湯川利和・聰子訳：まもりやすい住空間――都市設計による犯罪防止――，鹿島出版会，1976).
41. *Planning Public Space Handbook*. New York: Project for Public Spaces, Inc., 1976.
42. Pressman, Norman, ed. *Reshaping Winter Cities*. Waterloo, Ontario: University of Waterloo Press, 1985.
43. "Ralph Erskine." Mats Egelius, ed. 2, *Architectural Design* 11/12 (1977).
44. Rosenfelt, Inger Skjervold. *Klima og boligområder* (Climate and Urban Design). Norwegian Institute for City and Regional Planning Research, Report 22. Oslo, 1972.
45. Sitte, Camillo. *City Planning According to Artistic Principles*. New York: Random House, 1965 (大石敏雄訳：広場の造形，鹿島出版会，1983).
46. "Skarpnäck." *Arkitektur* (Swedish) 4 (1985): 10-15.
47. "Solbjerg Have" *Architectural Review* 1031 (January 1983): 54-57.
48. "Sættedammen." *Architects' Journal*, vol. 161, no. 14 (April 2, 1975): 722-23.
49. "Tinggården." *International Asbestos Cement Review*, AC no. 95 (vol. 24, no. 3, 1975): 47-50.
50. "Trudeslund." *Architectural Review* 1031 (January 1983): 50-53.
51. Whyte, William H. *The Social Life of Small Urban Spaces*. Washington D.C., : Conservation Foundation, 1980.

図版出版

写真：Aerodan (p.118 上, p.147 上, p.149 上), Jan van Beusekom ( p.192 中 ), Esben Fogh (p.188 右), Foto C (p.80 下), Lars Gemzøe (p.15 下, p.30 上, p.57 上, p.104 中, p.171 中, p.192 下, p.211 上, p.245 下, p.259 上・中), Sarah Gunn (p.176 上), Lars Gøtze (p.66 下), Jesper Ismael (p.94), その他の撮影者：(p.34 上, p.57 下, p.123 上右, p.125 上, p.127 下, p.161, p.174 上, p.187 右, p.197 上, p.249 上, p.273 上).
Jan Gehl：上記以外の写真
図面：D. Appleyard and M. Lintell (p. 48), Le Corbusier ( p.63 下 ), Christoffer Millard (p.59 下 ), Oscar Newman ( p.85, p.86 下 ), Project for Public Spaces ( p.51 左上 ), Inger Skjervold Rosenfeldt (p.248).

# 参考文献


1. Abildgaard, Jørgen, and Jan Gehl. "Bystøj og byaktiviteter" (Noise and Urban Activitites). *Arkitekten* (Danish) 80, no. 18. (1978): 418-28.
2. Asplund, Gunnar, et al. *Acceptera*. Stockholm: Tiden, 1931.
3. Alexander, Christopher, Sara Ishikawa, and Murray Silverstein. *A Pattern Languange*. New York: Oxford University Press, 1977（平田翰那訳：パタン・ランゲージ——環境設計の手引——，鹿島出版会，1984）
4. Appleyard, D., and Lintell, M. "The Environmental Quality of City Streets." *Journal of the American Institute of Planners*, JAIP, vol. 38, no. 2. (March 1972): 84-101.
5. Bosselmann, Peter, et al. *Sun, Wind, and Comfort: A Study of Open Spaces and Sidewalks in Four Downtown Areas*. Berkeley: University of California Press, 1984.
6. *Bostadens Grannskab*. Statens Planverk, report 24. Stockholm, 1972.
7. "Byker." *Architectural Review* 1080 (December 1981): 334-43
8. Collymore, Peter. *The Architecture of Ralph Erskine*. London: Granada, 1982.
9. *Crime Prevention Considerations in Local Planning*. Copenhagen: Danish Crime Prevention Council, 1984.
10. Cullen, Gordon. *Townscape*. London: The Architectural Press, 1961 (北原理雄訳：都市の景観，鹿島出版会，1975).
11. "De Drontener Agora." *Architectural Design* 7 (1969): 358-62.
12. "Galgebakken." *Architects' Journal*, vol. 161, no. 14 (April 2, 1975): 722-23.
13. "Gårdsåkra." (Nya Esle Esløv). *Arkitektur* (Swedish), vol. 83, no. 7 (1983): 20-23.
14. Gehl, Ingrid. *Bo-miljø* (Living Environment-Psychological Aspects of Housing). Danish Building Research Institute, report 71. Copenhagen: Teknisk Forlag, 1971.
15. Gehl, Jan. *Attraktioner på Strøget*. Kunstakademiets Arkitektskole. Studyreport. Copenhagen, 1969.
16. Gehl, Jan. "From Downfall to Renaissance of the Life in Public Spaces." *In Fourth Annual Pedestrian Conference Proceedings*. Washington, D.C.: U.S. Government Printing Office, 1984, 219-27.
17. Gehl, Jan. "Mennesker og trafik i Helsingør" (Pedestrians and Vehicular Traffic in Elsinore). *Byplan* 21, no. 122 (1969): 132-33.
18. Gehl, Jan. "Mennesker til fods" (Pedestrians). *Arkitekten* (Danish) 70, no. 20 (1968): 429-46.
19. Gehl, Jan. "Soft Edges in Residential Streets." *Scandinavian Housing and Planning Research* 3, no. 2, May 1986: 89-102.
20. Gehl, Jan. "The Residential Street Environment." *Built Environment* 6, no. 1 (1980): 51-61.
21. Gehl, Jan. et al. *The Interface Between Public and Private Territories in Residential Areas*. A study by students of architecture at Melbourne University. Melbourne, Australia, 1977.
22. Goffman, Erving. *Behavior in Public Places: Notes on the Social Organization of Gatherings*. New York: The Free Press, 1963.
23. Hall, Edward T. *The Hidden Dimension*. New York: Doubleday, 1966（日高敏隆・佐藤信行訳：かくれた次元，みすず書房，1970）.
24. Jacobs, Jane. *The Death and Life of Great American Cities*. New York: Random House, 1961（山形浩生訳：アメリカ大都市の死と生，鹿島出版会，2010）.
25. Jonge, Derk de. "Applied Hodology." *Landscape* 17, no. 2 (1967-68): 10-11.
26. Jonge, Derk de. *Seating Preferences in Restaurants and Cafés*. Delft, 1968.
27. Kao, Louise. "Hvor sidder man på Kongens Nytorv?" (Sitting Preferences on Kongens Nytorv). *Arkitekten* (Danish) 70, no. 20 (1968): 445.
28. Kjærsdam, Finn. *Haveboligområdets fællesareal*. Parts 1 and 2. Part 1 Published by: Den kongelige Veterinær og Landbohøjskole,

［著者］
ヤン・ゲール　Jan Gehl
一九三六年生まれ。一九六〇年デンマーク王立芸術大学建築学部卒業。米国、カナダ、メキシコ、オーストラリア、ヨーロッパ各国で研究・教育・実践に携わり、王立芸術大学建築学部教授を経て、現在、ゲール・アーキテクツ主宰。一九九三年すぐれた都市計画業績に対して贈られる国際建築家連合のパトリック・アバークロンビー賞を受賞。
［著書］『公共空間と公共アクティビティ』『新しい都市空間』『新しい都市アクティビティ』『人間の街』ほか。

［訳者］
北原理雄（きたはら・としお）
一九四七年生まれ。東京大学工学部都市工学科卒業。同大学院修了。名古屋大学助手、三重大学助教授。千葉大学大学院教授を経て、同大学名誉教授。工学博士。
［著書］『都市設計』『都市の個性と市民生活』『公共空間の活用と賑わいまちづくり』『生活景』（いずれも共著）、［訳書］G・カレン『都市の景観』、J・ゲール『人間の街』、A・マタン＋P・ニューマン『人間の街をめざして　ヤン・ゲールの軌跡』（いずれも鹿島出版会）ほか。

本書は一九九〇年に刊行した『屋外空間の生活とデザイン』の新装版です。

SD選書258

建物《たてもの》のあいだのアクティビティ

発行　二〇一一年六月一〇日 第一刷発行
　　　二〇二一年六月二〇日 第三刷発行

訳者　北原理雄《きたはらとしお》
発行者　坪内文生
DTP　舟山貴士
発行所　鹿島出版会
〒一〇四―〇〇二八　東京都中央区八重洲二―五―一四
電話〇三（六二〇二）五二〇〇
振替〇〇一六〇―二―一八〇八八三

印刷・製本　三美印刷

ISBN 978-4-306-05258-1 C1352

本書の内容に関するご意見・ご感想は左記までお寄せ下さい。
URL: http://www.kajima-publishing.co.jp　e-mail: info@kajima-publishing.co.jp

# SD選書目録

四六判（*＝品切）

001 現代デザイン入門 勝見勝著
002* 現代建築12章 L・カーン他著 山本学治訳編
003* 都市とデザイン 栗田勇著
004* 江戸と江戸城 内藤昌著
005 日本デザイン論 伊藤ていじ著
006* ギリシア神話と壺絵 沢柳大五郎著
007 フランク・ロイド・ライト 谷川正己著
008 きもの文化史 河鰭実英著
009 素材と造形の歴史 山本学治著
010* 今日の装飾芸術 ル・コルビュジエ著 前川国男訳
011 コミュニティとプライバシイ C・アレグザンダー著 岡田新一訳
012* 新桂離宮論 内藤昌著
013 日本の工匠 伊藤ていじ著
014 現代絵画の解剖 木村重信著
015 ユルバニスム ル・コルビュジエ著 樋口清訳
016* デザインと心理学 穐山貞登著
017 私と日本建築 A・レーモンド著 三沢浩訳
018* 現代建築を創る人々 神代雄一郎編
019 芸術空間の系譜 高階秀爾著
020 日本美の特質 吉村貞司著
021 建築をめざして ル・コルビュジエ著 吉阪隆正訳
022* メガロポリス J・ゴットマン著 木内信蔵訳
023 日本の庭園 田中正大著
024* 明日の演劇空間 尾崎宏次著
025 都市形成の歴史 A・コーン著 星野芳久訳
026* 近代絵画 A・オザンファン他著 吉川逸治訳
027 イタリアの美術 A・ブラント著 中森義宗訳
028* 明日の田園都市 E・ハワード著 長素連訳
029* 移動空間論 川添登著
030* 日本の近世住宅 平井聖著
031* 新しい都市交通 B・リチャーズ著 曽根幸一他訳
032* 人間環境の未来像 W・R・イーウォルド編 磯村英一他訳
033 輝く都市 ル・コルビュジエ著 坂倉準三訳
034 アルヴァ・アアルト 武藤章著
035* 幻想の建築 坂崎乙郎著
036* カテドラルを建てた人びと J・ジャンペル著 飯田喜四郎訳
037 日本建築の空間 井上充夫著
038* 環境開発論 浅田孝著
039* 都市と娯楽 加藤秀俊著
040* 郊外都市論 H・カーヴァー著 志水英樹訳
041* 都市文明の源流と系譜 藤岡謙二郎著
042* 道具考 榮久庵憲司著
043 ヨーロッパの造園 岡崎文彬著
044* 未来の交通 H・ヘルマン著 岡寿麿訳
045* 古代技術 H・ディールス著 平田寛訳
046* キュビスムへの道 D・H・カーンワイラー著 千足伸行訳
047* 近代建築再考 藤井正一郎著
048* 古代科学 J・L・ハイベルク著 平田寛訳
049 住宅論 篠原一男著
050* ヨーロッパの住宅建築 S・カンタクシーノ著 山下和正訳
051* 都市の魅力 清水馨八郎、服部銈二郎著
052* 東照宮 大河直躬著
053 茶匠と建築 中村昌生著
054* 住居空間の人類学 石毛直道著
055* 空間の生命 人間と建築 坂崎乙郎著
056* 環境とデザイン G・エクボ著 久保貞訳
057* 日本美の意匠 水尾比呂志著
058* 新しい都市の人間像 R・イールズ他編 木内信蔵監訳
059 京の町家 島村昇他編
060* 都市問題とは何か R・パーノン著 片桐達夫訳
061 住まいの原型Ⅰ 泉靖一編
062* コミュニティ計画の系譜 佐々木宏著
063* 近代建築 V・スカーリー著 長尾重武訳
064* SD海外建築情報Ⅰ 岡田新一編
065* SD海外建築情報Ⅱ 岡田新一編
066* 天上の館 J・サマーソン著 鈴木博之訳
067 木の文化 小原二郎著
068* SD海外建築情報Ⅲ 岡田新一編
069* 地域・環境・計画 水谷穎介著
070* 都市虚構論 池田亮二著
071 現代建築事典 W・ペーント編 浜口隆一他日本語版監修
072* ヴィラール・ド・オヌクールの画帖 藤本康雄著
073* タウンスケープ T・シャープ著 長素連他訳
074* 現代建築の源流と動向 L・ヒルベルザイマー著 渡辺明次訳
075* 部族社会の芸術家 M・W・スミス編 木村重信他訳
076 キモノ・マインド B・ルドフスキー著 新庄哲夫訳
077 住まいの原型Ⅱ 吉阪隆正他著
078 実存・空間・建築 C・ノルベルグ=シュルツ著 加藤邦男訳
079* SD海外建築情報Ⅳ 岡田新一編
080* 都市の開発と保存 上田篤、鳴海邦碩編
081* 爆発するメトロポリス W・H・ホワイトJr.他著 小島将志訳
082* アメリカの建築とアーバニズム(上) V・スカーリー著 香山壽夫訳
083* アメリカの建築とアーバニズム(下) V・スカーリー著 香山壽夫訳
084* 海上都市 菊竹清訓著
085* アーバン・ゲーム M・ケンツレン著 北原理雄訳
086* 建築2000 C・ジェンクス著 工藤国雄訳
087* 日本の公園 田中正大著
088* 現代芸術の冒険 O・ビハリメリン著 坂崎乙郎他訳

089* 江戸建築と本途帳　西和夫著
090* 大きな都市小さな部屋　渡辺武信著
091* イギリス建築の新傾向　R・ランダウ著　鈴木博之訳
092* SD海外建築情報V　岡田新一編
093* IDの世界　豊口協著
094* 交通圏の発見　有末武夫著
095 建築とは何か　B・タウト著　篠田英雄訳
096 続住宅論　篠原一男著
097* 建築の現在　長谷川堯著
098* 都市の景観　G・カレン著　北原理雄訳
099* SD海外建築情報VI　岡田新一編
100* 都市空間と建築　U・コンラーツ著　伊藤哲夫訳
101* 環境ゲーム　T・クロスビイ著　松平誠訳
102* アテネ憲章　ル・コルビュジエ著　吉阪隆正訳
103* プライド・オブ・プレイス　シヴィック・トラスト著　井手久登他訳
104* 構造と空間の感覚　F・ウイルソン著　山本学治他訳
105* 現代民家と住環境体　大野勝彦著
106* 光の死　H・ゼーデルマイヤ著　森洋子訳
107* アメリカ建築の新方向　R・スターン著　鈴木一訳
108* 近代都市計画の起源　L・ベネヴォロ著　横山正訳
109* 中国の住宅　劉敦楨著　田中淡他訳
110* 現代のコートハウス　D・マッキントッシュ著　北原理雄訳
111 モデュロールI　ル・コルビュジエ著　吉阪隆正訳
112 モデュロールII　ル・コルビュジエ著　吉阪隆正訳
113* 建築の史的原型を探る　B・ゼーヴィ著　鈴木美治訳
114 西欧の芸術1 ロマネスク上　H・フォシヨン著　神沢栄三他訳
115 西欧の芸術1 ロマネスク下　H・フォシヨン著　神沢栄三他訳
116 西欧の芸術2 ゴシック上　H・フォシヨン著　神沢栄三他訳
117 西欧の芸術2 ゴシック下　H・フォシヨン著　神沢栄三他訳
118* アメリカ大都市の死と生　J・ジェイコブス著　黒川紀章訳
119* 遊び場の計画　R・ダットナー著　神谷五男他訳
120 人間の家　ル・コルビュジエ他著　西沢信弥訳
121* 街路の意味　竹山実著
122* パルテノンの建築家たち　R・カーペンター著　松島道也訳
123 ライトと日本　谷川正己著
124 空間としての建築(上)　B・ゼーヴィ著　栗田勇訳
125 空間としての建築(下)　B・ゼーヴィ著　栗田勇訳
126 かいわい[日本の都市空間]　材野博司著
127* 歩行者革命　S・プライネス他著　岡並木監訳
128 オレゴン大学の実験　C・アレグザンダー著　宮本雅明訳
129* 都市はふるさとか　F・レンツローマイス著　武基雄他訳
130* 建築空間[尺度について]　P・ブドン著　中村貴志訳
131* アメリカ住宅論　V・スカーリーJr.著　長尾重武訳
132* タリアセンへの道　谷川正己著
133* 建築VS.ハウジング　M・ポウリー著　山下和正訳
134* 思想としての建築　栗田勇著
135* 人間のための都市　P・ペーターズ著　河合正一訳
136* 都市憲章　磯村英一著
137* 巨匠たちの時代　R・バンハム著　山下泉訳
138 三つの人間機構　ル・コルビュジエ著　山口知之訳
139 インターナショナル・スタイル　H・R・ヒッチコック他著　武沢秀一訳
140 北欧の建築　S・E・ラスムッセン著　吉田鉄郎訳
141* 続建築とは何か　B・タウト著　篠田英雄訳
142* 四つの交通路　ル・コルビュジエ著　井田安弘訳
143 ラスベガス　R・ヴェンチューリ他著　石井和紘他訳
144 ル・コルビュジエ　C・ジェンクス著　佐々木宏訳
145* デザインの認識　R・ソマー著　加藤常雄訳
146* 鏡[虚構の空間]　由水常雄著
147 イタリア都市再生の論理　陣内秀信著
148 東方への旅　ル・コルビュジエ著　石井勉他訳
149* 建築鑑賞入門　W・W・コーディル他著　六鹿正治訳
150* 近代建築の失敗　P・ブレイク著　星野郁美訳
151* 文化財と建築史　関野克著
152* 日本の近代建築(上)その成立過程　稲垣栄三著
153* 日本の近代建築(下)その成立過程　稲垣栄三著
154 住宅と宮殿　ル・コルビュジエ著　井田安弘訳
155* イタリアの現代建築　V・グレゴッティ著　松井宏方訳
156 バウハウス[その建築造形理念]　杉本俊多著
157 エスプリ・ヌーヴォー[近代建築名鑑]　ル・コルビュジエ著　山口知之訳
158* 建築について(上)　F・L・ライト著　谷川睦子他訳
159* 建築について(下)　F・L・ライト著　谷川睦子他訳
160* 建築形態のダイナミクス(上)　R・アルンハイム著　乾正雄訳
161* 建築形態のダイナミクス(下)　R・アルンハイム著　乾正雄訳
162 見えがくれする都市　槇文彦他著
163* 街の景観　G・バーク著　長素連他訳
164* 環境計画論　田村明著
165* アドルフ・ロース　伊藤哲夫著
166* 空間と情緒　箱崎総一著
167 水空間の演出　鈴木信宏著
168* モラリティと建築　D・ワトキン著　榎本弘之訳
169* ペルシア建築　A・U・ポープ著　石井昭訳
170* ブルネッレスキ ルネサンス建築の開花　G・C・アルガン著　浅井朋子訳
171 装置としての都市　月尾嘉男著
172 建築家の発想　石井和紘著
173 日本の空間構造　吉村貞司著
174 建築の多様性と対立性　R・ヴェンチューリ著　伊藤公文訳
175 広場の造形　C・ジッテ著　大石敏雄訳
176 西洋建築様式史(上)　F・バウムガルト著　杉本俊多訳
177 西洋建築様式史(下)　F・バウムガルト著　杉本俊多訳
178 木のこころ 木匠回想記　G・ナカシマ著　神代雄一郎他訳
179* 風土に生きる建築　若山滋著
180* 金沢の町家　島村昇著
181* ジュゼッペ・テッラーニ　B・ゼーヴィ編　鵜沢隆訳
182* 水のデザイン　D・ベーミングハウス著　鈴木信宏訳
183* ゴシック建築の構造　R・マーク著　飯田喜四郎訳
184 建築家なしの建築　B・ルドフスキー著　渡辺武信訳

185 プレシジョン(上) ル・コルビュジエ著 井田安弘他訳
186 プレシジョン(下) ル・コルビュジエ著 井田安弘他訳
187* オットー・ワーグナー H・ゲレツェッガー他著 伊藤哲夫他訳
188* 環境照明のデザイン 石井幹子著
189 ルイス・マンフォード 木原武一著
190 「いえ」と「まち」 鈴木成文他著
191 アルド・ロッシ自伝 A・ロッシ著 三宅理一訳
192* 屋外彫刻 M・A・ロビネット著 千葉成夫訳
193 「作庭記」からみた造園 飛田範夫著
194* トーネット曲木家具 K・マンク著 宿輪吉之典訳
195 劇場の構図 清水裕之著
196 オーギュスト・ペレ 吉田鋼市著
197 アントニオ・ガウディ 鳥居徳敏著
198 インテリアデザインとは何か 三輪正弘著
199* 都市住居の空間構成 東孝光著
200 ヴェネツィア 陣内秀信著
201 自然な構造体 F・オットー著 岩村和夫訳
202 椅子のデザイン小史 大廣保行著
203* 都市の道具 GK研究所、榮久庵祥二著
204 ミース・ファン・デル・ローエ D・スペース著 平野哲行訳
205 表現主義の建築(上) W・ペーント著 長谷川章訳
206* 表現主義の建築(下) W・ペーント著 長谷川章訳
207 カルロ・スカルパ A・F・マルチャノ著 浜口オサミ訳
208* 都市の街割 材野博司著
209 日本の伝統工具 土田一郎著 秋山実写真
210 まちづくりの新しい理論 C・アレグザンダー他著 難波和彦監訳
211* 建築環境論 岩村和夫著
212* 建築計画の展開 W・M・ペニヤ著 本田邦夫訳
213 スペイン建築の特質 F・チュエッカ著 鳥居徳敏訳
214* アメリカ建築の巨匠たち P・ブレイク他著 小林克弘他訳
215* 行動・文化とデザイン 清水忠男著
216 環境デザインの思想 三輪正弘著
217 ボッロミーニ G・C・アルガン著 長谷川正允訳
218 ヴィオレ・ル・デュク 羽生修二著
219 トニー・ガルニエ 吉田鋼市著
220 住環境の都市形態 P・パヌレ他著 佐藤方俊訳
221 古典建築の失われた意味 G・ハーシー著 白井秀和訳
222 パラディオへの招待 長尾重武著
223* ディスプレイデザイン 魚成祥一郎監修 清家清序文
224 芸術としての建築 S・アバークロンビー著 白井秀和訳
225 フラクタル造形 三井秀樹著
226 ウイリアム・モリス 藤田治彦著
227 エーロ・サーリネン 穂積信夫著
228 都市デザインの系譜 相田武文、土屋和男著
229 サウンドスケープ 鳥越けい子著
230 風景のコスモロジー 吉村元男著
231 庭園から都市へ 材野博司著
232 都市・住宅論 東孝光著
233 ふれあい空間のデザイン 清水忠男著
234 さあ横になって食べよう B・ルドフスキー著 多田道太郎監修
235 間(ま)——日本建築の意匠 神代雄一郎著
236 都市デザイン J・バーネット著 兼田敏之訳
237 建築家・吉田鉄郎の『日本の住宅』 吉田鉄郎著
238 建築家・吉田鉄郎の『日本の建築』 吉田鉄郎著
239 建築家・吉田鉄郎の『日本の庭園』 吉田鉄郎著
240 建築史の基礎概念 P・フランクル著 香山壽夫監訳
241 アーツ・アンド・クラフツの建築 片木篤著
242 ミース再考 K・フランプトン他著 澤村明+EAT訳
243 歴史と風土の中で 山本学治建築論集①
244 造型と構造と 山本学治建築論集②
245 創造するこころ 山本学治建築論集③
246 アントニン・レーモンドの建築 三沢浩著
247 神殿か獄舎か 長谷川堯著
248 ルイス・カーン建築論集 ルイス・カーン著 前田忠直編訳
249 映画に見る近代建築 D・アルブレヒト著 萩正勝訳
250 様式の上にあれ 村野藤吾著作選
251 コラージュ・シティ C・ロウ、F・コッター著 渡辺真理著
252 記憶に残る場所 D・リンドン、C・W・ムーア著 有岡孝訳
253 エスノ・アーキテクチュア 太田邦夫著
254 時間の中の都市 K・リンチ著 東京大学大谷幸夫研究室訳
255 建築十字軍 ル・コルビュジエ著 井田安弘訳
256 機能主義理論の系譜 E・R・デ・ザーコ著 山本学治他訳
257 都市の原理 J・ジェイコブズ著 中江利忠他訳
258 建物のあいだのアクティビティ J・ゲール著 北原理雄訳
259 人間主義の建築 G・スコット著 邊見浩久、坂牛卓監訳
260 環境としての建築 R・バンハム著 堀江悟郎訳
261 パタン・ランゲージによる住宅の生産 C・アレグザンダー他著 中埜博監訳
262 褐色の三十年 L・マンフォード著 富岡義人訳
263 形の合成に関するノート/都市はツリーではない C・アレグザンダー著 稲葉武司、押野見邦英訳
264 建築美の世界 井上充夫著
265 劇場空間の源流 本杉省三著
266 日本の近代住宅 内田青藏著
267 個室の計画学 黒沢隆著
268 メタル建築史 難波和彦著
269 丹下健三と都市 豊川斎赫著
270 時のかたち G・クブラー著 中谷礼仁他訳
271 アーバニズムのいま 槇文彦著